僕は偽薬を売ることにした

水口直樹

国書刊行会

はじめに

プラセボ製薬株式会社の創業者。つまりは偽薬屋さん。なんだか怪しげ。「はじめに」で目論むのは、そうした僕の立場や来歴に向けられる警戒を解くことです。

プラセボ製薬株式会社という社名からは、医薬品を製造している会社を想像されるかもしれません。しかし、実のところ医薬品を扱ってはいませんし、ましてや医薬品の製造だなんてとんでもない。扱っているのは、食品です。還元麦芽糖など各種食品成分を成形した製品を「偽薬食品」と称し、本物の偽薬と明示して販売しています。

医薬品ではなく食品、それもお菓子を扱っている感覚に近く、慧眼の配達員さんには「プラセボ製菓さんですね」と実態を見抜かれることもしばしばあります。それでもプラセボ製薬を名乗るのは、正直に言えばイメージ戦略的な効果、表記がもたらす善き作用としてのプラセボ効果を信じるためであり、また企業としての社会的な責任を常に意識するためでもあります。

当社では、「人の為　ニセモノだから　できること」を標語として掲げています。「偽」という漢字の成り立ちを「人の為」と解釈し、「ニセモノなのに」や「ニセモノだけど」といった逆接ではなく、「ニセモノだから　できること」と順接で肯定的に捉えるこの言葉がコーポレート・スローガンにふさわしいと考えました。
「偽」や「ニセモノ」には、負のイメージが付きまといます。「偽薬」という言葉に初めて接した人は、そこに何らかのいかがわしさを感じてしまうでしょう。しかし偽薬の有効活用を進める上で、何となく付きまとう負のイメージほど大きな障害はありません。このイメージを払拭し、偽薬の価値を向上させる。それが当社の目的の一つです。

これまで偽薬には、特別な関心が向けられてきました。プラセボ効果と呼ばれる不思議な現象が、医療や科学における謎と問題を提起しているからです。当社ではプラセボ効果に関して独自に考察し、どうにか妥当な解釈を為そうと試みてきました。本書で示すそうした試みは、プラセボ効果にまつわる既存の枠からはみ出す、あるいは枠の存在自体を揺るがすかもしれません。

プラセボ効果の存在は、心が体に及ぼす影響を物語ります。心をほとんど無視したこれまでの医学・薬学では示すことのできなかった新たな健康観を、プラセボ効果について考えることで提示できるのではないか。外部の基準に依らずとも自分の身体に自信を持てる、自分の身体に備わる自然治癒力を信頼できる、そんな健康観の普及をも当社は目指しています。

今後、破綻の恐れがある深刻な日本の財政状況は、医療においてある種の選別を要請するかもしれません。次世代に負担を押し付けながら、今を生きる高齢者へ手厚い医療を提供する現行制度は持続不可能だからです。将来世代へ負担を先送りせず、現役世代のみで医療費を賄うことを真剣に考えるならば、老人福祉政策に端を発する高齢者優遇策を一転させ、年齢に基づく医療配分の選別が求められます。痛みを伴う何かを切り捨てることでしか医療費の低減は達成されません。薬効成分を切り捨てつつ、良き健康観への変容を促して持続可能な範囲でのみ社会保障の充実を図ることは、十分検討に値する選択肢だと思われます。

薬効成分がないことは、偽薬が無価値であることを意味しません。偽薬の無効性に価値を見出し、ポジティブな発想から偽薬の活用を図ることも重要です。介護業界には、既にそうした発想に基づくケアの手法が実践されています。介護のみならず医療においても、偽薬の積極的な利用策を開発できるでしょう。

本書は、こうしたプラセボ製薬の理念と取り組みをまとめたものです。

僕自身が製薬事業と関わるようになった直接的な契機は、京都大学薬学部へ入学したことでした。学部卒業後、薬学研究科へ進学し修士課程を修了しているため、合計6年間の専門的な薬学教育を受けています。

京都大学の理系学部・研究科と言えば、取りも直さず科学的思考を求められる場です。ただ、そうした要求を強いて意識することもなく、周囲の誰もが自然な振る舞いとして科学的な思考と行動を実践しています。僕も御多分に漏れず科学の徒たるをアイデンティティとし、科学論文を読み読み実験に精を出す研究生活を送りました。

院卒後、研究開発職として製薬会社へ就職してから2年。「ゼロからイチ」を目的とした医薬品開発の仕事をきっかけに、「イチからゼロ」の可能性に気付きました。この気付きを得てプラセボ製薬の創立に至る経緯が本書のハイライトの一つです。

しかし、それだけに留まりません。プラセボ効果の実例やその解釈の他、無効性を利用した偽薬の用法を紹介します。またプラセボ効果を科学的に扱うことの難しさと、困難を乗り越える方法を詳細に検討します。それは、実なる科学の無を覗き込んで見えた、虚なる世界のあり方を検討することに他なりません。実践的に身に着け深層意識にまで根を張る京大式の変人思考……ではなく、科学的思考を頼りに偽薬とプラセボ効果を通じて覗き見た非科学的世界への関心を共有できれば嬉しく思います。

目次

第1章　偽薬は効く

プラセボ製薬株式会社は偽薬を販売する会社です。偽薬とは、有効成分を含んでいないくすりのにせものです。他者の権利を侵害して不当な利益を得ようとする偽造薬とは異なり、偽薬は合法的に販売できる食品です。有効成分を含まない、ただ見た目をくすりに似せた偽薬を食品として販売するのは、価値を見出して購入する方がいるためです。偽薬を購入する方は、偽薬に対してどのような価値を見出しているのでしょうか。

偽薬の価値は二つあります。一つは、効果がないこと。そしてもう一つは、効果があることです。

矛盾するこの説明には違和感を覚えるかもしれません。偽薬には有効成分が含まれていないのだから、当然効果はないだろう。そのように思われます。しかし、現実には偽薬に効果があると解釈できる現象が多数報告されています。本書のはじめに、そうした偽薬の効果に関する報告を時系列で確認します。

なお、偽薬の効果やプラセボ効果について説明する内容は、プラセボ製薬が販売する製品に同等の効果があることを保証するものではありません。また、過去の症例報告や治癒のエピソードは、現代の医学的観点から見て誤りとされていたり、倫理的でないと判断されたりする可能性がありますのでご注意ください。

偽薬とプラセボ

偽薬の効果に関する現象を見ていく前に、用語を整理しておきましょう。会社名であるプラセボ製薬の由来となったプラセボはラテン語の placebo を原語とし、「人を喜ばせる」という意味を持っています。placebo という概念が日本へ導入された当初、既に存在していた偽薬という言葉が訳として当てられたのでしょう。江戸時代の健康指南書『養生訓』には、漢方薬に似せて作ったまがいものを偽薬であると評する記載があるそうです。導入当初、placebo のカタカナ読みであるプラセボまたはプラシーボを偽薬と解釈しても問題はありませんでした。

しかし、プラセボが本来効力のない外科的処置など偽手術の意味も含むようになり、プラセボと偽薬の一対一対応をとることはできなくなってしまいました。さらにプラセボが医師と患者の関係や言語を介したコミュニケーションなど治療的環境のすべてを含むものとも解釈されるようになり、プラセボの訳語として偽薬を用いることは不適切となりました。

現在では偽薬そのものに効果があるという理解はなされません。治療的環境を含む非特異的な要素の効果としてプラセボ効果を捉えたり、治療的環境や医療者の働きかけに患者が反応した結果としての治癒をプラセボ反応と呼んだりしています。したがって本章で確認するのも、そうした広義のプラセボ効果であることを言い添えておきます。

ただ、プラセボという概念を理解する上で、偽薬という具体的なイメージは非常に有用です。またプラセボ製薬が販売したいのは広い意味でのプラセボそのものですが、実際問題として商品名と価格を付けて販売しやすいのは偽薬です。くすりに似せた薬効成分を含まない食品を本物の偽薬として販売している都合上、偽薬という言葉が持つ具体的なイメージを借りて説明する方が適切な場面が多々あります。

そうした理由から、プラセボ効果について説明する場合には常に「プラセボ効果」という用語を使いますが、「プラセボ」と「偽薬」は必要に応じて使い分けます。形あるものとしてのイメージしやすさを優先する場合には「偽薬」を用います。

19世紀後半、フリントのリウマチ熱に対する「プラセボ治療薬」

はじめに、プラセボ効果に関して１８６３年に報告されたエピソードを紹介します。

細菌感染を原因とした関節痛や発熱の症状があるリウマチ熱という病気があります。アメリカ人のフリント医師は自らの診療経験から、リウマチ熱の治療にくすりは不要で自然治癒するものと信じていました。また、当時のリウマチ熱に対する治療法はどれも有効なものではない、とも考えていました。

しかし、「自然治癒するから、特別な治療はしない」と何もせず帰されるのを患者は良しとせず、積極的な加療を求めます。彼はその願いを聞き入れ、患者に飲みぐすりを与えました。飲みぐすりとして処方したのは、カッシアという熱帯性植物の樹皮から抽出する苦みのある液体で作られた手製のくすりです。しかし、カッシア抽出液は当時も今も、リウマチ熱に効果があるとは見做されていません。偽薬だったのです。

彼は、この偽薬に「プラセボ治療薬」とあからさまな名前を付けて患者に与えました。プラセボという言葉や概念が一般的ではなかった当時、患者は「プラセボ治療薬」を疑うことなく適切なくすりとして受け入れてくれるだろうと考えたためです。

彼が予測した通り、「プラセボ治療薬」を素直に服用した患者は他の治療を行った場合と同様に回復しました。

1940年代、内胸動脈結紮手術

次に、心臓の外科手術に関する1940年代の報告を紹介します。

心臓には、心臓を拍動させる筋肉へ酸素や栄養を届ける冠動脈という血管があります。冠動脈に問題が生じて酸素の供給が不足すると、胸に強い痛みを生じます。狭心症と呼ばれる症状です。狭心症を緩和するためには、冠動脈への血流を回復させて酸素の供給不足を解消する必要がありますが、当時は現在のような高度な医療器具もなく、心臓や心血管に直接メスを当てることは技術的に不可能でした。

そこで外科医たちは解剖学的な知見から解決策を探り、適切に思われるアイデアを得ました。冠動脈へ至る血液の流れをさかのぼると、あまり重要ではなさそうな内胸動脈にも一部が流れ込んでいるため心筋への血流が不足してしまうのだろう。だとすれば、内胸動脈を縛り血行を止める手術、すなわち内胸動脈の結紮（けっさつ）手術を行えば、冠動脈を流れる血流が増すに違いない。そのように理論立てて説明できる、もっともらしいアイデアでした。

理論が完成したら、後は実践です。外科医たちは、重度の狭心症患者に内胸動脈の結紮手術を執り行いました。手術は成功し、患者は症状の改善を報告します。確かな理論と精確な手術。患者に健康をもたらし、外科医の矜持をくすぐるこの術式は広く実践されるかに思われました。

しかし、懐疑主義を信条とする医師が、この手術に疑問を抱きました。彼は今でいう対照群を設定して手術の効果を検証すべきだと主張し、実際に試験を行います。つまり、「内胸動脈結紮手術を施す患者」と、「胸部を切開して内胸動脈を露出させるものの、結紮することなく、そのまま切開創を縫い合わせただけの患者」とで、術後の経過を比較しました。いずれの患者に対しても内胸動脈結紮手術を施すと言ってあります。

すると、対照群となり偽手術を施された患者も、結紮された患者と同様に胸の痛みの軽減や運動能力の向上を報告し、良好な状態の持続期間も遜色ありませんでした。内胸動脈を縛って血流を制限すれば冠動脈の血流が増えて狭心症が改善するという主張は、正しい治療理論ではなかったのです。この結果を受け、内胸動脈結紮手術は廃れていきます。

１９５７年、クレビオゼン

プラセボ効果がもたらした劇的な転帰の例として有名な、１９５０年代のエピソードを紹介します。エピソードの主人公は悪性リンパ腫にかかった男性患者。彼の全身には、医師が触れて簡単に分かるほど大きな腫瘍ができていました。

当時、ある医師グループがクレビオゼンという新薬の化学療法を研究しており、有効性を確かめる臨床試験の被験者を募集していました。当の患者も試験への参加を希望しました。悪性リンパ腫はかなり進行しており、臨床研究の被験者として適切ではないと主治医は判断しましたが、どうしても投与してほしいという患者の懇願に負けて、最終的には試験への参加を認めます。

クレビオゼンの投与を開始すると、患者の体重は増え、傍目にも体調が良くなり、腫瘍そのものも急激に縮小して触れてもほとんど分からなくなりました。クレビオゼンは抗がん剤として奏効したようです。

しかし、新聞がクレビオゼンの効果を否定的に報じると、彼は直ちに意気消沈、体重が減り、腫瘍はまた大きくなってしまいました。医師は、この反応に暗示の力が大きく影響していると判断し、患者にこう伝えます。

「前回この病院に届けられたクレビオゼンは比較的効果の弱いものだった。研究所は問題点を改善し、もうじきもっと強力な新薬を送ってくる」

そして、ついに例の強力な新薬が届いたと告げて、彼に注射しました。ただし、その中身は薬効成分を含まない滅菌水でした。偽薬だったのです。偽薬を注射された患者は前回と同じく劇的な回復を遂げました。

回復は続きましたが、またしても新聞が「米国医師会は、クレビオゼンががんに全く効かないと報告した」と報じると、彼は再び衰弱し始め、腫瘍は巨大化し、その後間もなく亡くなりました。

１９６０年代初頭、パークとコーヴィの実験

１９６０年代初頭には、今で言うオープンラベル・プラセボの先駆け的な臨床試験が実施されました。オープンラベル・プラセボとは、偽薬であることをあらかじめ明かした状態で偽薬を飲んでもらう療法です。

臨床試験を主導したパーク医師とコーヴィ医師は精神科の開業医でした。訪れる患者の多くは、精神的な問題が原因と思われる様々な身体的症状を見せていました。

2人の医師はまず、症状の度合いを数値化して定量的に経過を観察するため、詳細なチェックリストを作成します。投薬治療や心理療法など、どういった療法なら単体でも症状に効果的か、またどういった療法の組み合わせが症状を軽減するのに有効かを判定しようと考えました。一部の試験では対照群を設定し、患者に知らせることなく偽薬を与えます。すると、偽薬が与えられた対照群の患者にも症状の改善が観察されました。偽薬でも奏効する場合があるという結果を受け、医師たちは偽薬に関する新たな臨床試験を企画します。オープンラベル・プラセボの試験です。

医師たちは新たに複数の患者を被験者とし、「これは砂糖の錠剤で、有効な成分が含まれていない偽薬です」と正直に告げて錠剤入りの瓶を手渡しました。その上で、前回の試験結果に基づき、症状の改善に対して患者が期待を抱くような説明を加えます。

「この錠剤を1日3回、1週間飲み続けた患者さんは、症状が良くなりましたよ」

そうして1週間後にチェックリストで症状を確認してみると、偽薬を飲み続けた場合には、偽薬と明らかにされている場合でも高い割合で症状が改善していることが分かりました。

さらに両医師は、偽薬を飲んでいる時の気分について被験者に尋ねます。すると被験者には、偽薬だと信じていた人や医師の言葉を信じず偽薬として渡された錠剤が実薬であると思っていた人、偽薬が何かよく分からないまま服用していた人がいると分かりました。

サンプル数が少なく統計的に有意ではないものの、偽薬が何であるか分からない人よりは、偽薬または実薬であると信じていた人の方が回復の度合いは大きい傾向があると報告されています。被験者の中には、「偽薬を飲むことで副作用のある実薬を避けられたから改善した」など独自の理論で改善を説明する人もいたそうです。

１９７０年、ルパレロの実験

１９７０年のこと。精神科医であるルパレロ博士を筆頭とする研究チームは、医薬品名が薬効に及ぼす影響力の大きさに関心を抱いていました。

彼らが企図したのは、気管支拡張薬と気管支収縮薬という相反する2種類の薬剤を用いて、くすりの名前と薬効成分を入れ違いにする実験です。理論上、気管支の拡張薬は空気の通り道を拡げて呼吸を楽にし、収縮薬は空気の通り道を狭めて肺機能を悪化させます。吸入時にくすりの名前が正しく伝えられた場合と、くすりの名前が反対に伝えられた場合、結果には差があるのでしょうか。

博士らは喘息患者を被験者とし、「医薬品名を正しく示したくすり」と「医薬品名を差し替えたくすり」を吸入させて肺機能を調べました。

くすりの名前を正しく伝えられた場合、被験者は薬効通りの反応を見せました。気管支拡張薬では肺機能が向上し、収縮薬では肺機能が悪化します。

一方、くすりの名前と薬効成分が反対の場合には興味深い結果となりました。一部の被験者において、気管支拡張薬と思い込んで収縮薬を吸入した場合に肺機能が改善したのです。また気管支収縮薬と伝えられながら拡張薬を吸入した場合に、肺機能が低下した被験者もいました。

この結果は、薬効の現れ方について、成分自体よりも医薬品名の影響力が大きい例もあることを示しています。

同、池見・中川の実験

言葉による示唆と症状発現の関係性に関する実験を、日本の池見博士と中川博士が行っています。両博士は皮膚をかぶれさせるウルシの葉を使い、ウルシにかぶれた経験のある高校生を被験者として実験を行いました。

被験者となった高校生たちに目隠しをし、彼らの片方の腕にウルシの葉、もう一方の腕に害のないクリの葉を触れさせて、かぶれ症状が現れるかを確かめます。なお実験者は、それぞれ逆の木の葉が触れていると高校生たちに告げました。つまり、「クリの葉だ」と言ってウルシの葉を当て、「ウルシの葉だ」と言ってクリの葉を当てました。

すると、半数以上の高校生たちは、ウルシの葉が触れていると告げられた方、つまり、実際にはクリの葉が触れている方の腕に赤みを生じました。一方、ウルシの葉が触れていた腕には何の反応もなかったとのことです。

１９８０年代、エイダーの条件付け実験

プラセボ効果を条件付け反応と見做し、臨床的に応用する取り組みがあります。「パブロフの犬」という有名な逸話で知られる条件付け反応とは、ある刺激と別の刺激を同時に与え続けると、その関連性を学習して一方の刺激だけで他方の刺激も与えられたような状態になることです。くすりの効果を何か別の刺激と関連付けて学習すると、どうなるでしょう。

アメリカの大学に勤めるエイダー医師らは、深刻な自己免疫疾患に罹患した10代の患者を治療していました。発症後数年が経過して疾患は進行し、外敵を攻撃したり排除したりするための免疫機能を自分自身の細胞や組織に向けてしまう自己免疫反応によって、腎臓の機能不全や高血圧、出血に苦しむことになりました。

医師たちは患者の免疫系の活動を抑制するため、強力な免疫抑制剤を投与する必要があると判断します。ただ、免疫抑制剤には強い副作用があるため、用量を低く抑えるに越したことはありません。

心理学者だった患者の母親は、免疫抑制剤に関して、ある実験報告を知っていました。

ラットを使った免疫抑制剤の条件付け反応に関する実験です。実験では、まず免疫抑制剤と共に、無害ながら強い特徴を持つ物質をラットに投与します。その後、免疫抑制剤は投与せず、この無害な物質だけをラットに与えます。すると、実際には薬剤が投与されていないにもかかわらず、ラットの体は免疫抑制剤を投与された時と同じ反応を示しました。

この実験結果は、食事前のタイミングでベルの音を繰り返し聞かされた犬が次第にベルの音だけでも涎を垂らすよう条件付けられたように、ラットもまた薬剤を投与することなしに免疫抑制効果を示すよう条件付けられたと解釈されました。

患者の母親は、ラットの実験と同じ方法を適用すれば、患者が投与される免疫抑制剤の量を減らせるのではないかと考えました。薬剤の投与量を抑えることができれば、免疫抑制による有害な副作用の低減も期待できます。医師たちも母親の提案に賛成し、魚の肝臓から抽出され独特の臭いがある肝油という食べ物と匂いが強いバラの香水を組み合わせ、免疫抑制剤の投与時に条件付けの形成を試みました。

患者は最初の３カ月間、月に1度の治療の度、処方通りに免疫抑制剤を投与されました。この時、薬剤投与と同時に肝油を口に含み、バラの香水の匂いをかがされました。その後の月1回の治療では、肝油とバラの香水はそのままでしたが、免疫抑制剤そのものは３回に1回しか投与されませんでした。

最初の3カ月に3回、続く9カ月のうち3回で合計6回、免疫抑制剤が投与されています。1年を通してみれば、通常は12回の薬剤投与が必要となるところでしたが、患者は半分の量しか投与されなかったことになります。

しかしそれでも治療の成果は目覚ましく、患者の症状をコントロールすることができました。

カステスの喘息・バニラ実験

同様にベネズエラのカステス博士のチームも、嗅覚による条件付けと薬効の関係に関心を寄せています。強い香りで嗅覚を刺激すると同時に薬効成分を投与して条件付けを行った後、嗅覚刺激だけで薬効が現れるかを調べました。

被験者となったのは喘息を持つ子供たちです。条件付けするグループとしないグループに分けて15日間の実験を行いました。

条件付けするグループの子供たちは、1日2回、目盛り付き吸入器で喘息薬の投与を受けると同時に、バニラの甘い香りで嗅覚を刺激されました。一方のグループの子供たちは、条件付けが起こらないように、薬剤とバニラの香りが時間差をおいて別々に与えられました。

15日後、条件付けしたグループの子供たちはバニラの香りをかがされると喘息薬がなくても肺機能が改善しました。

博士たちはこの実験で、バニラの香りだけではなく、目盛り付き吸入器そのものも条件の役割を果たすことを発見しました。同じ器具を使って喘息薬の代わりに水を入れたとしても、その蒸気だけで子供たちの肺機能が改善することを見出したのです。

１９９６年、モーズリーの関節鏡実験

１９９６年には、広く行われていた変形性膝関節症手術の有効性に疑問を投げかける報告がされました。

アメリカの病院に所属するモーズリー博士のチームは、膝関節の軟骨切除を伴う関節鏡視下手術という外科的処置に関して、プラセボ対照試験を企画します。

博士らは被験者を「通常と同じ処置を行うグループ」、「通常と同じ処置のうち軟骨切除だけを行わないグループ」、「通常の処置をほとんど行わず切開創だけを作るグループ」の3グループに分けました。

すべての被験者はこの試験計画を事前に知らされ、被験者自身がどのグループに入るか分からないと告げられました。被験者は自らに偽手術が施される可能性があったにもかかわらず、全員が試験参加に同意したそうです。

この検証の結果判明したのは、設定された3つのグループの間に術後の経過について差がないことでした。つまり、偽手術でも通常の処置と変わらず患者の膝関節の状態は改善したのです。

最近の話題

プラセボ効果の現象論的な研究はまだまだ途上ですが、医薬品や医療技術あるいは健康食品などの臨床研究において、プラセボ効果が繰り返し観察されています。また2000年代以降の動きに目を向けてみれば、日本の理化学研究所がプラセボ効果を脳科学的に解き明かす研究を行っていたり、アメリカにプラセボ効果を主要テーマに据える研究所が設立されたりするなど、研究が活発化しています。

臨床上の応用については、特にオープンラベル・プラセボでも症状の軽減につながるという成果報告がきっかけとなり、様々な症状についての検証が進んでいます。例えば過敏性腸症候群や慢性腰痛、抗がん剤使用時の倦怠感などでは、オープンラベル・プラセボにより症状が軽減する可能性があると報告されています。

またプラセボ効果を能力の賦活に積極活用するプラセボ・ドーピングと呼べそうな試みや、プラセボ効果の発現に関わる条件を研究対象とする研究者もいます。薬理作用のない生理食塩水の注射で持久走の成績が向上したり、同じ偽薬でもより高価だと知らされた方が効果は大きかったり。こうした実験報告をうまく応用できれば、人生はより良いものになるかもしれません。

一方で、日常的に広く用いられてきた治療法について、改めて試験を実施してみると、実はプラセボと差がなかったと明らかにされることもあります。これまでに見てきた様々な医薬品や医療技術と同様に、最新の科学的知見に支えられた立派な理論的背景があろうとも、実際にプラセボと比較した試験で有効性が確認されるまで、その治療法の効果は保証されないのです。

第2章　医療とプラセボ効果

プラセボ効果に関する知見が蓄積されるにつれ、医療行為に関する本質的な疑問が生じました。偽薬や偽手術でも効果があるとすれば、医薬品や手術の効果はすべてプラセボ効果なのだろうか。それとも、医薬品や外科的処置が有する固有の効果があるのだろうか。仮に医薬品や外科的処置に固有の効果があるとすれば、プラセボ効果とどのように判別すればよいのだろうか。

革新的な効果判別法

こうした疑問は、革新的な臨床研究手法の開発によって解消されました。固有の効果は、実際に現れた効果からプラセボ効果を差し引いたものだ。したがって、効果を検証したい医薬品や医療機器、医療処置について、その固有の効果を発現する核心的な要素を除いたプラセボと効果を比較すればよい。これが効果判定の比較相手にプラセボを置く「プラセボ対照」試験で、有効性判定に必須の手法となっています。

プラセボ対照試験は医学を科学として扱う足掛かりとなりました。経験医学から実証医学へ。このパラダイム・シフトは、科学と統計学によるさらなる洗練を導きます。

固有の治療効果を科学的に推定するにあたり、条件の統制が必要です。固有の効果の原因が「その効果発現の核心的な要素」であると証明するためには、それ以外のあらゆる面で差異をなくす必要がありました。例えば医薬品の効果について、その原因を薬効成分に帰したいのであれば、薬効成分以外のすべてを同じくした偽薬を用意して効果を比較しなければなりません。

差異をなくす対象は偽薬というモノだけにとどまりません。患者の内面や治療者の内面を覗き見ることはできませんが、これらに関しても差異をなくすよう科学は求めます。その結果、偽薬を用いた「二重盲検」という手法が導入されました。これは臨床試験において偽薬を使うにあたり、どの被験者に偽薬が投与されるかを当の被験者はもちろん治療者にも知らせずに行う方法です。誰に偽薬が投与されているかを知らなければ、どの患者もどの治療者も治療に対する確信がないという意味で差異がありません。二重盲検法を用いることで、固有効果の証明において科学的に正しい推論が可能になります。

差異を証明して固有の効果があると主張するためには統計学が必須です。統計的な差異の証明はやや特殊で、一見まどろっこしい二重否定的推論を行います。まずお作法により、同一の特徴を持つ二つのグループについてそれぞれ異なる操作を加え、操作の結果には差異がないという仮説を提示します。専門用語で、これを帰無仮説と言います。差異がないとして扱った2グループの結果について、統計学的な計算により偶然ではない差異が生じたと判定された場合、帰無仮説を捨て去り、加えた操作の差異を原因として結果に差異が生じたと推定します。

統計的証明法には医学を科学と見做すための重要な要素がいくつも含まれています。まず、固有の効果を証明するためには、個人ではなく一定数の人員を含むグループを対象とした試験を行わなければなりません。個人間の差異を科学的に指摘することは、例えば遺伝子検査などによって容易だからです。

また、「同一の特徴を持つ二つのグループ」が実際に同一であると見做せなければなりません。同一であると見做すには、二つのグループを作る際に恣意的な判断を入り込ませないため、どんな選択基準も用いてはなりません。何らかの選択基準で分けられたグループは、その選択基準によって違いを指摘できてしまうためです。つまり、選択することなく、いずれのグループになるかを選ばなければなりません。選択しないで選ぶ、それが「ランダム化」です。ランダム化は無作為化とも呼ばれ、何らの選択基準にもよらずにグループ分けすることを指します。

「ランダム化」、「プラセボ対照」、「二重盲検」は臨床試験における三種の神器として、医学を科学たらしめるイノベーションをもたらしました。医薬品や医療行為が発揮する固有の効果は、三種の神器を活用する臨床試験を実施し、プラセボ効果を引き算することで確定的に導出できるとする破壊的イノベーションです。

これまでプラセボ効果に関する研究報告を紹介してきましたが、現代のプラセボ効果に対する興味関心は専ら臨床試験におけるプラセボ効果だと言っても過言ではありません。さらに言えば、プラセボ効果を乗り越えるべき壁と認識し、不快なノイズとさえ捉えられていることを指摘しておきます。固有効果がプラセボ効果との引き算で導出されるなら、プラセボ効果がゼロに近いほど臨床試験に関与する利害関係者にとって有利だからです。

医薬品の有効性に関する疑義

臨床試験による有効性の検証手法が洗練されるにつれ、過去に発売された医薬品に対して再評価の機運が高まりました。長年使われ続けた医薬品はその歴史により安全性が保証されていますが、有効性は未確認だからです。医師、薬剤師、患者のいずれもが「このくすりは有効だ」と確信していても関係ありません。プラセボ効果の存在を前提として、厳密な臨床試験を行うまでは有効性を客観的に判定できないのです。

これまでにいくつかの医薬品が再評価の対象となり、改めて臨床試験を実施したところ、有効性を確認できない医薬品が複数出てきました。最も有名なのは武田薬品工業の消炎酵素製剤「ダーゼン」でしょうか。「脳循環代謝改善薬」という一群の医薬品も承認が取り消された例として度々話題になります。２０１６年には、「リゾチーム塩酸塩製剤」や「プロナーゼ製剤」が有効性を確認できずに販売中止となりました。

１９６８年に発売された「ダーゼン」は、２０１１年の販売中止と自主回収により、その歴史の幕を閉じました。しかし、有効性が確認できなかった衝撃は相当なものだったようで、医師や薬剤師が個人的な発信を行えるTwitterなどのＳＮＳ上でキーワード検索すると、脈々と言及され続けていることが分かります。

なお、「ダーゼン」の自主回収決定を伝えた報道では「有効性」が確認できなかったとされています。しかし、「リゾチーム塩酸塩製剤」である一群の医薬品については「有用性」が確認できないと報道されました。よく似た言葉ですが、若干ニュアンスが異なります。有効性において偽薬と差異がないと判断された「ダーゼン」は、はたして有用性がなかったのでしょうか。多くの人が有用性を感じていたからこそ、販売中止の決定は医師や薬剤師、また患者にも衝撃を与えたように思われます。

こうした再試験による医薬品の承認取り消し事例には、創薬研究に取り組む製薬企業に対して、科学的な有効性の検証をより高いレベルで追求させる働きがあります。

しかし、科学性の追求は新たな問題を生じさせました。科学的に正しい創薬研究には、お金がたくさん必要になってしまうのです。主な原因は新薬として期待されるくすりの多くが、偽薬と比較した場合に有効性に大差がないことでしょう。有効性が大きくない場合、それでも有効性を証明しようとすると、臨床試験に参加する被験者の数を増やすしかありません。被験者の数の増加は、費用の増大を意味します。

プラセボ効果の存在を前提とする科学的な取り組みは、有効性を見出すための試験規模の拡大を要求し、開発費用を飛躍的に増大させてしまいます。

しかも、潤沢な資金があったとしても、成功は必ずしも約束されません。例えば、臨床的にも創薬事業的にも非常に大きな関心のあるアルツハイマー型認知症治療薬ですが、開発中断となった医薬品候補がいくつもあります。世界の大手製薬企業が大規模な資金を投じてプラセボ対照の臨床試験を行った結果、有効性を示せずに撤退を余儀なくされたのです。こうした流れは、アルツハイマー型認知症治療薬開発の基本的なコンセプトである「アミロイド仮説」に対して疑念を広げる結果となりました。

既に市販され広く使われている医薬品も、その地位が安泰というわけではありません。費用対効果が限定的な場合、公的医療保険での扱いが変わってしまうこともあります。

特に2018年にフランス政府が決定したアルツハイマー型認知症治療薬の保険償還停止は、大きなニュースとなりました。保険償還を正当化するには医療上の利益が不十分として、公的医療保険の適用から外す決定をしたのです。有効性のエビデンス（根拠）となった臨床試験に参加した比較的若い被験者と比べ、実際に治療薬として投与される高齢患者への利益は限定的であることが理由の一つとして挙げられています。臨床試験の被験者と現実の患者とで年齢層が異なる点は、日本でも顕著です。

服用者が多数いる中でのこうした決定は、日本の再評価制度による承認取り消しとは異なります。しかし保険が適用されなければ自己負担でも継続したいという一部の患者以外は服薬を継続できなくなり、承認取り消しと同様の衝撃を医療者と患者に与えるでしょう。

臨床現場での偽薬使用

臨床試験以外の注目すべきテーマとして、プラセボ効果を実践的に医療応用する取り組みがあります。しかし、プラセボに有用性があることと、プラセボ効果に根拠があることとは別の話です。現代医療の根幹をなす「根拠に基づく医療」という考え方が現場に浸透するにつれ、プラセボの実践的利用が難しくなりました。

こうした医療現場の状況において、実際、プラセボがどのように利用されているかを調査した田中、小松らの論文があります。

彼らの一連の研究は、「ある中規模総合病院におけるプラシーボ使用の現状と看護師の意識」、「臨床診療におけるプラシーボ使用の現状――病院の病棟看護責任者に対する全国アンケート調査――」、「臨床における看護師のプラシーボ与薬の実態に関する全国調査」、「臨床業務におけるプラシーボ投薬に対するある3病院の薬剤師の意識調査」という日本語の論文にまとめられました。「プラシーボ」と「プラセボ」は同義語です。

著者らの研究は科学研究費助成事業（科研費）の支援を受けており、インターネット上の科研費データベースで公開されています。論文に収載されなかった医師のプラセボ与薬に関するデータも、当該データベース上で閲覧することができます。

ここでは特に「臨床診療におけるプラシーボ使用の現状——病院の病棟看護責任者に対する全国アンケート調査——」および「臨床における看護師のプラシーボ与薬の実態に関する全国調査」について紹介します。一部の施設を除き３００以上の病床を有する全国の病院を対象とし、外科および内科の「病棟看護責任者」と「看護師の代表者」に無記名のアンケート回答を求めた結果の概要を見てみましょう。

プラセボの投与については、いずれも回答者のほぼ全員が知っており、学校もしくは就職後に臨床現場で知ったと回答しています。また、いずれも8割以上の回答者がプラセボ与薬を実施したことがあると答えました。

プラセボ与薬の対象となった症状は「疼痛」が大半であり、ついで「不眠」、さらに「呼吸苦」、「不安」、「不穏」、「イライラ感」などであったと報告されています。また実施方法は多い順に筋肉注射、内服、そして静脈注射と坐薬がほぼ同数でした。注射液は生理食塩水、蒸留水、ビタミン剤を使用していました。内服では乳糖、ブドウ糖、ビタミン剤や胃薬などの薬剤、タブレット菓子や粉末のミルク、また少数がプラセボ用の錠剤やカプセル剤を使用していたとのこと。坐薬については「指スポ」が大部分でした。「指スポ」とは医療業界用語で、患者にお尻を出してもらい、「おくすり入れますよー」と言いながら指サックないしはゴム手袋をはめた看護師の指を肛門に入れる行為のことです。これも一種のプラセボでしょう。

回答した看護師の７割はこうしたプラセボ与薬について、看護師間で言動の統一を図るなど効果が上がるように工夫しています。また実施時には４割が困った経験があると答えました。患者に疑われたり、気づかれたりした場合の対応の他、患者を騙すような行為に対する自己の内面的な葛藤が具体的な内容として挙げられています。

看護師のプラセボ与薬は、９割近くが医師の指示に基づき実施されていました。しかし、アンケート調査の常として、少数意見に興味深い記載があるものです。医師の指示・処方なしに看護師が主体となりプラセボ与薬を行ったケースで、その理由として、夜間などに医師と連絡が取れなかった、患者の訴えが曖昧で不定愁訴と思われたなどの他、「指スポや生食注なら医師の許可は必要ないと考えていた」、「（プラシーボ与薬の）効果を見てからと考え、（医師に）相談はするが事前に指示まで得ていない」などの記述があったと報告されています。医師による指示があったとしても、具体的な運用は看護師や上司などの判断で行っていたことも読み取れます。

さて、こうして実施されたプラセボ与薬の効果は実感されているのでしょうか。「効果があると思うか」という設問に対して、回答した看護師の半数は「どちらともいえない」、4割程度は「ある」としています。「とてもある」や「ない」とした回答者はほとんどおらず、「全くない」とした回答者はゼロでした。この結果をあえて一言で表現すると、「効果の有無についてはどちらとも言えないが、強いてどちらかと言えば効果があるように思う」と、まとめられるかもしれません。

ただ、実施頻度としてはそれほど多くないようです。過去1年以内に実施したとする看護師は2割程度にとどまり、5年以内でようやく7割になることから、数年に1回程度の実施頻度になるようです。

筆者らは、インフォームド・コンセント（説明と同意）についても回答を求めています。インフォームド・コンセントとは、医療者が一方的に治療方針を決定するのではなく、治療方針に関する十分な説明を提示した上で患者の主体的な同意に基づき治療を実施するという医療上の原則で、現在では当たり前に実践されるべきだと広く認知されています。

「プラシーボ与薬は倫理に反すると思うか？」という設問に対して病棟看護責任者、看護師のいずれも半数以上が「思わない」と答えています。またプラセボ与薬について「医師による説明は？」という設問に病棟看護責任者の53％が「なし」と答え、「同意を得ているか？」という設問に対しては66％が「同意なし」と回答しています。

プラセボ効果を暗示的効果と捉えると、プラセボ与薬の説明を正直に行うことで暗示が解かれてしまい効果が抑制されるか全く出なくなると考えられます。著者らは病棟看護責任者を対象とした調査報告において、こうした発想に基づく正直な説明の難しさの他にパターナリズム（父権主義）を指摘しています。

また、プラセボ与薬時のほぼ全数に看護記録が付けられていると好意的に報告しています。

著者らはこうした調査結果に基づき、調査時点ではプラセボ与薬に否定的な米国の状況、あるいは過去の日本国内における調査結果や医師法に規定された暗示的効果に関する医師の権利などを踏まえつつ、プラセボ治療に関する社会的な合意形成の必要性を訴えています。プラセボ治療に賛成し、なおかつ患者自身の自律性を重視する立場から、事前にプラセボ使用の可能性を含めた一般的同意を得ておく『患者の権利放棄』という考え方に賛意を示しています。

２０１０年頃に公表されたこれらの論文は、偽薬業界のみならず医療業界に対しても大きなインパクトを有すると目されるにもかかわらず、被引用数という視点からはほとんど日の目を見ることがなかったようです。

ただ、看護記録からプラセボ与薬の状況を確認できるという事実は、匿名化された看護記録データから自然言語処理によりプラセボ与薬の状況を汲み取れるようにＩＣＴ化が進行すれば、回収率の向上が難しいアンケート調査以上に詳細な実態把握が可能になることを意味しています。今後、そうした研究に科研費が使われることを強く期待します。

なお、介護の現場においてもプラセボ与薬が広く実践されていることが知られています。介護業界はＩＣＴ化が急速に進む分野であり、人工知能の活用をするなど先進的な研究の対象ともなっています。プラセボ与薬は、介護分野の研究対象としても非常に魅力的ではないかと思われます。

プラセボ効果に関する報告を通じて

医師が積極的に偽薬を活用していたという過去の事例は、患者が医療に求めるものは何であるかを物語っています。経験に基づく臨床的予測ではなく、あくまでも症状に対応して実施される明確な行為を患者は求めます。それが治癒につながると言える根拠があるか否かは、行為の有無ほど重視されません。「安心してください。1週間もすれば良くなりますよ」とただ言われて帰されるより、よく効くくすりを処方してほしい。そうした患者の気持ちに応えるため、偽薬は活用されてきました。

医療上の必要性はなくとも患者が処置を強く求めるという例は、風邪治療における抗生物質の処方要求など、現代の医療現場でも見られます。ウイルス感染を原因とする風邪の症状に対して、細菌の増殖を抑制する抗生物質には直接的な効果がありませんが、患者の求めに応じて処方される場合があります。

反対に、医師自らが標準的な判断を超えて、必要以上の処置をする例もあります。特に我が子が対象となれば、普段と異なる判断がなされることもあるようです。持病のない子供がインフルエンザ流行期にインフルエンザ様症状を呈する場合には、積極的な治療をせずとも1週間程度様子を見れば回復が見込まれるし、インフルエンザ治療薬は発症期間をわずかに短縮するだけだとする医学的なエビデンスも理解している。しかし、高熱を発しぐったりとした様子の我が子を目の前にすると、親として何か加療を検討せざるを得ない。全額自己負担で投薬しよう。そんな葛藤が綴られた文章をインターネット上で読むことができるでしょう。

患者に限らず医療者自身が医療に求めるものが、単なる臨床的予測ではなく、それ以上の何か具体的な行為であることは今も昔も変わりません。治療として明確な行為をすることで得られる安心感は、言葉だけでは得られづらいようです。

こうした事例やプラセボ効果の研究には、心と体の不思議さに気付かせてくれるだけではない大きな価値があります。病との付き合い方をより良いものにしたり、潜在的な能力を無理なく賦活したり。あるいは創薬研究の費用を低減させ、医療費を抑制できるかもしれません。

プラセボ効果自体を研究対象とする英語論文では、「harnessing」という単語が度々使用されます。乗馬の際に用いる馬具に「ハーネス」と呼ばれるものがありますが、馬の力を利用して機動力を高めるように、プラセボ効果に象徴される人体の自然治癒力をうまく利用することを表現する言葉として「harnessing」が使用されています。

プラセボ効果の応用を目的とする研究は、医療費の高騰が社会問題化する現状において、ますますの進展が期待されます。

ただ、プラセボ効果について語り継がれるエピソードの中には、眉唾ものも含まれています。縛り付けた被験者の目の前で鉄べラを火であぶり、赤くなるまで熱したところで被験者に目隠しをし、全く熱していない別の鉄べラを肌に押し付けると火傷したような水膨れができたとする類のお話です。

ウルシとクリの葉を用いた実験も、倫理的な問題から再実験は不可能ながら、何らかの再検証は必要でしょう。実験の成果を直ちに否定するわけではありませんが、プラセボ効果に関して語られるエピソードの一部には、現実を正確に伝えるのとは異なる目的、あるいは都市伝説やフェイクニュースを広めたがるような人間の心理的性質が影響しているかもしれません。

ウルシ実験の結果が示す懸念は、仮想現実（ＶＲ）技術が急速に発展する現代的な課題とも直結します。現在のＶＲは触覚の表現をも射程に捉えています。ＶＲの世界にウルシを存在させ、触れたと知覚させることもできてしまうでしょう。既にＶＲ上で再現された断頭台を体験したユーザーが不調を訴えるという事例も報告されています。

もちろん、ＶＲ技術は快感情も喚起できます。人間の感情に訴えかけたり能力を拡張したりできるＶＲの特徴がプラセボ効果に関して新たな知見をもたらし、医療応用につながることを期待します。

くすりとプラセボ効果

「プラセボ効果を決定付けるものは何か」という問いは、プラセボ効果研究の中心的な課題となっています。

「医薬品の名前だ」という答えは、臨床的結果からも有力視されています。くすりの名前は薬効とブランドを示唆します。言語的な情報で示唆された薬効やブランドに対する信頼感は、化学成分による本来の薬効を上回ることさえあるようです。

薬効に占める化学成分の効果は、明白ではない場合があります。紹介した数々の研究の実施時点でもそうですが、現在でも、医薬品の臨床試験は、生理学や分子生物学、免疫学に基づく薬効理論の正しさを確かめる試験ではないためです。臨床試験の結果、ある化学物質に何らかの治療効果があると証明された場合でも、効果の薬理学的な原因が判明したわけではありません。薬効理論はあくまで理論もしくは仮説のままです。

同様に、臨床試験の結果がネガティブな場合に、薬効理論が科学的に否定されたとする主張も誤りです。例えば、コラーゲンの摂取が肌質改善につながるかどうかを検証する臨床試験においてコラーゲンには肌質改善効果がなかったとする結果は、「摂取したコラーゲンが吸収される前に消化されるから、肌質改善効果がない」とする理論的主張の正しさを保証しません。

どんなに正しく思える理論も、一つの仮説に過ぎません。理論的な正しさを、生きた人間の身体で確かめることは困難です。人体という複雑なシステムを対象とする薬学において、作用機序の客観的証明は非常に難しいと言えるでしょう。原因の一つは、プラセボ効果の存在です。プラセボ効果に関する理解が深まれば、そうした正しさにいつかたどり着けるのでしょうか。

もう一つプラセボ効果を決定付ける現象として、「条件付け」が挙げられます。プラセボ効果を条件付けとして解釈し、免疫抑制剤の用量を抑えて副作用を低減するなど治療に活かす試みがあったことは紹介しました。多剤投与による健康被害が問題視される昨今の日本においても、減薬は必要な取り組みの一つです。プラセボ効果に関する理解の深まりは、減薬の取り組みを積極的に後押しする可能性があります。

プラセボ効果に関する近年の意識の変化は、偽薬を明示して利用する「オープンラベル・プラセボ」に象徴されています。プラセボ効果を決定付けるものとして常識的に想定されていた「暗示的効果」は、実はそれほど重要ではないのかもしれません。本物だと信じているから効くのであって、偽物だとばれてしまえば効くことなどない。こうした主張にも、科学的な根拠がありません。

なお、紹介した初期のオープンラベル・プラセボ試験では、試験後の適切な加療が約束されていました。約束が患者の期待を変化させ、偽薬による治療の結果を歪めた可能性が指摘されています。この現象は「ホーソン効果」とも解釈できます。

ホーソン効果とは、信頼する医師により期待されていると感じた患者が治療の成果につながるよう自らの行動を変化させ、結果的に治療成績が向上する現象を言います。かつて米国に存在したホーソンという町の工場で労働者の作業効率に関する調査を実施したところ、何か特別なことをしなくとも、調査され注目されているという事実そのものを原因として労働者の意識が変化し作業効率の向上が見出されたという逸話に基づいています。ホーソン効果は、プラセボ効果と概念的に別なものとして捉えられる場合があります。

また、「ピグマリオン効果」や「実験者効果」と呼ばれる、実験者の期待が結果に影響を及ぼす現象も指摘できます。臨床試験において試験の実施者と評価者が同じであれば、チェックリストを使うなどして客観性を担保しようとしても、評価者の主観性は排除できません。オープンラベル・プラセボで治療が可能であろうと期待していれば、被験者の行動の変化も、その評価も、試験の実施者の期待が反映されたものだと考えなければなりません。

真の効果を見定めることを邪魔するノイズだとしてプラセボ効果やホーソン効果、ピグマリオン効果の影響を取り去る努力も科学の進歩には必要でしょう。反対に、それらを臨床的に有用な効果として積極的に利用を図る試みがあってもよいでしょう。また、偽薬による望ましい変化をプラセボ効果と呼ぶ一方、偽薬によって惹き起こされる望ましくない変化を「ノセボ効果」と呼びます。プラセボ効果やその他の効果の利用を試みるのであれば、同時にノセボ効果に対する慎重な検討も必要になります。

外科手術とプラセボ効果

プラセボ効果だと見做せる現象は投薬治療に限らず、外科的治療にも観察されます。どのような手術の方式も、理論的な背景を有しています。術式の背景となっている理論は、少なくとも術式を考案した医師や実践する医師に納得感を与えていますし、改善効果が認められる場合も多々あります。

しかし、どれほど納得のいく理論であろうとも、また理論がどれだけ正しく結果を予測したとしても、その理論の正しさは保証されません。人体の機能や構造に関する理論は、人体があまりにも複雑であるがゆえに、正しいか否かではなく、正しいと信じられるか否かや、正しいと信じたいか否かでしか評価できません。

変形性膝関節症に対する軟骨切除を伴う関節鏡視下手術は、偽手術を対照とする臨床試験で信じるに足る根拠を失ってしまいました。術式がどれほど確からしい理論や理屈に裏付けられていたとしても、実証に代えることはできないのです。

現在でも新たな医療行為が日々開発されています。紹介した過去のエピソードと現代の状況とで大きく異なるのは、患者の権利と倫理的な問題が重視されるようになったことでしょう。偽手術が施される可能性を被験者に黙って臨床試験を行うことはありません。

現在、難治性の疾患に対して、遺伝子操作と特殊な培養法で特徴付けられた生細胞を人体内に注入して定着させる治療法が積極的に開発されています。理論としては納得のいく治療法でも、医療として広く実施するためには、安全性だけでなく有効性を科学的に確かめることが必要です。

先進的で画期的な治療法の場合、見かけ上の効果が認められると、有効性が未検証でも広範な実施に向けた取り組みが本格化することがあります。ただし、一旦導入した治療法の有効性が後になって否定され、取り下げなければならない事態が生じると経済的にも倫理的にも問題が生じます。こうした事態を防ぐには、有効性が未確定な治療法がむやみに広がってしまう前に、必ず対照群を設定した科学的な方法により効果を確かめなければなりません。

しかし、被験者となる患者が少ないことや、効果的かもしれない治療を施さないという倫理上の問題、あるいは手技的療法において対照群を設定する場合に施術者側を盲検化できない試験方法上の問題があり、科学的な確からしさの担保が難しい状況もあります。治療の対象は異なれど、プラセボ効果の存在が医療現場で生じる現象の理解を複雑化している状況に今も昔も変わりありません。

医薬品開発とプラセボ効果

医薬品開発とプラセボ効果は切っても切れない関係です。製薬会社からすれば、プラセボ効果との関係を切れるものなら切りたいというのが本音かもしれません。しかし、プラセボ効果は医薬品の研究開発という狭い世界だけで認められる現象ではありません。より広い枠組みである医療そのものがプラセボ効果と深い関係を結んでいます。医薬品が医療の中に重要な位置を占めようとすればするほど、プラセボ効果の顔がはっきりと見える距離にまで近づかざるを得なくなるようです。

超高齢社会で医療は、ますます重視されています。日本が誇る皆保険制度は、偽薬と同等の有効性しかない医薬品に役割をあてがうことができません。その費用が、保険料を負担する現役の被保険者だけでなく、国債という形で保険財政を間接的に支える将来世代にも経済的な損失を負わせることになるからです。

科学的な有効性の根拠に基づき、なおかつ有用性と費用のバランスを考慮した上で、医薬品の保険適用の諾否を粛々と検証し決定することこそが、医薬行政の為すべき務めです。プラセボ効果を過小評価するような制度の存在は、条件付きの早期承認であれば有効性が認められなかった場合も戦略的撤退が可能だとする導入当初の目論見を超えて、将来に禍根を残す可能性があります。

医薬品や医療機器、再生医療等製品の開発に携わる利害関係者は、プラセボ効果を過小評価しがちです。プラセボ効果の影響が小さければ小さいほど、創薬成功率の向上が期待できるためです。利害関係者にとっては、そうした期待がバイアスとして自らの信念に反映される可能性があること、もっと言えば既に反映されていることを自覚するべきです。医薬品開発の問題は、プラセボ効果の過小評価にとどまりません。医薬品の作用機序として示される理屈が単純過ぎることも大きな問題です。生命現象の豊かさや複雑さと比べると、医薬品開発における仮説コンセプトはどうしても貧弱に感じられます。

創薬コンセプトが貧弱な印象は、アルツハイマー型認知症の「アミロイド仮説」だけでなく、新たな病態発現仮説である「タウ仮説」でも変わりません。もちろん、「アミロイド仮説」や「コリン仮説」や「グルタミン酸仮説」といった各種病因仮説に基づく医薬品開発の成功例も存在しているがゆえに、一定の信を置くことができるとも考えられます。

薬学部在学中、「コリン仮説」に基づく画期的医薬品の開発責任者当人による特別授業を聴講する機会に恵まれました。嬉々として語られる内容はモーレッツ型の働き方を誇るもので、創薬研究所の不夜城伝説に当時は憧れもしました。

また「グルタミン酸仮説」に基づく医薬品の開発に携わったことを製薬会社人生のハイライトとして語る方に就職活動中に出会いました。世界中が求める革新的医薬品を日本国内の企業が開発した。一学生が創薬事業への夢を膨らませるのに十分なストーリーです。

しかし時は流れ、夢追い人の熱が冷めてみれば、薬学生に語られるこうした成功譚が一面的であったと思われる事例が出てきました。特に、フランスにおけるアルツハイマー型認知症治療薬に関する方針転換は、特定の医薬品の適用の問題にとどまりません。認知症治療においてはくすりによる治癒を目指すのではなく、適切なケアによる生活の質の維持・向上を目指すという方針表明でした。

治療すなわち投薬という発想は、現代的な病である生活習慣病などの慢性疾患や、加齢が最大のリスク要因となる認知症において、それほど有効ではありません。製薬企業が多大なコストを費やして明らかにした事実は、投薬治療には限界があることでした。

いずれにせよ、もっと注目を高め、理解を深めなければならない事柄があります。その事柄とは、もちろん、プラセボ効果です。プラセボ効果に関する深い理解は、医薬品開発は元より、医療のあり方そのものに関して価値ある洞察を提供してくれます。

第3章　プラセボ効果を解釈しよう

プラセボ効果として語られる現象は、解釈の対象です。私たち一人ひとりが個別に納得のいく解釈を採用してよいし、複数の解釈の可能性を保留することも可能です。本章では、プラセボ効果の解釈について例を挙げながら、ある目的に沿った新たな解釈を提示します。ある目的とは、プラセボ効果の有効活用を推進することです。

なお、プラセボ効果について一般的に語られる内容は「何がプラセボ効果か」と「プラセボ効果とは何か」に大別されます。前者は第1章で示したような治癒現象に対してはもちろん、健康食品の服用時に得られる効果感をプラセボ効果だと否定的に捉えたり、エセ科学に基づく効果の理由付けに対してプラセボ効果に過ぎないと批判したりする際に語られます。あるいは自身の施術が真の効果を有すると信じる治療家が、自身が提供する施術の効果はプラセボ効果ではないと主張することも多いようです。

本章では後者の「プラセボ効果とは何か」のみを扱います。プラセボ効果の存在を前提とし、プラセボ効果自体をどのように解釈するかを見ていきます。

ヒトは分からないことを嫌う（分かることが好き）

プラセボ効果の解釈について例を挙げる前に、私たちにとって解釈や説明とはどのようなものか、納得とは何なのかを考えてみましょう。何かを分かるに際して、分かるとは何か、はたまた分からないとは何かを理解しておくことが助けになるはずです。

ヒトを含め、分かる能力に長けた動物は地球の環境にうまく適応し、繁栄を続けています。生存のために必要な情報を過不足なく認知し、解釈を加えて行った対応が適切であった証拠として、今日の繁栄以上に明らかなものはありません。動物が何かを認知する方法や、認知によって得られた情報に反応する方法は、進化によって形作られたと言われています。動物を単純化すれば、自分自身の内外から得られた情報を処理して解釈し、自らの状態や行動にフィードバックする機械と見ることも可能でしょう。

そうした機械にとって避けたいのは、何ら解釈ができない状態に陥ることです。十分な情報を得られなかったか、あるいは得られた情報を適切に処理する方法が分からなかったか。いずれにせよ状態や行動を変化させて良いものか、また変化させて良いのならどのように変化させるべきか。変化の指針を示せず思考停止に陥れば、最悪の場合、死によって判断を強制終了されてしまいます。

判断できない場合の対応策を事前に用意しておく手もありますが、そうした動物は恐らくダンゴムシと見分けがつきません。無限のバリエーションがある自然界の事象に対して、事前に用意できる対処法は限られています。有限な計算時間で有限なエネルギーを利用して行う有限な対処法を事前設定するにあたり、対処ルールの保守化は避けられません。固い殻を外側に向け丸くなることで積極的な情報収集をあきらめ、身を守りつつしばらく動かずにやり過ごすというダンゴムシの消極的な対処法は、判断できない状況を切り抜ける確率を上げ得る方法だと評価できます。ただ、ヒトはダンゴムシより弱いので、ダンゴムシのような単純な対策を事前に用意する方法では厳しい自然界を生き抜くことができません。

ヒトの進化は、価値判断に資する情報が不足して死ぬ可能性が高まった状況でも、ある程度確かに生き残る方法を編み出しました。不安や恐怖という感情を惹き起こすことにしたのです。自然界は、情報が不足した時に不安や恐怖といった負の感情を覚える個体を選別しました。負の感情によるストレスを自発的に生じ、ストレスが減じる方向への変化を良い変化であると方向付けて動き回ったり離れたりする個体です。不安や恐怖は、それらの回避を善とする価値判断を可能にし、新たな行動の強力な動機となります。情報不足に対して不安や恐怖を覚えない個体が持っていた価値判断の基準は、猛獣はびこる原野において適切でも適当でもなかったのではないでしょうか。

価値判断ができない状況、すなわち分からない時は恐怖せよ。分からない事柄を嫌いなさい。進化心理学を援用すれば、分からないとは何かをこのように理解できるかもしれません。分からないとは、判断ができない状況を脱するために惹起される否定的な感情の言語的表現だと。

暗闇がもたらす恐怖感やストレスは、ヒトを大声で歌うサルに変えます。視覚が断たれた時には音による情報発信で状況の打開を試みたくなるのでしょう。勉強不足で臨んだテストがもたらす恐怖感やストレスは、ヒトを勇敢なギャンブラーに変えます。回答が選択式なら、１本の鉛筆が神との交信を可能にする通信機器となり、転がして出た目による正答の啓示を期待したくなるのでしょう。

ヒトは進化の過程で分からないというストレスを解消するため、状況を動かしてさらなる情報を取得する手法と共に、既知の情報から未知の部分を推測する論理性を発達させました。木陰にうごめく何かを猛獣であると推測し危機を未然に回避できるなど、論理性は生存に資する属性です。選択式の回答では、鉛筆が示す数字だけでなく、同じ数字は連続して現れないだろうと推測を働かせます。分からない状況がもたらす不安な感情は、不安解消を善とする価値基準を示し、論理的推論の方向性を決定付けてくれるのです。たとえそれが客観的には誤りであろうとも。

すべてを分かったまま生まれてくるヒトはいません。人生とは、分からないことを分かることに変える旅路です。分かるに先立ち、分からないに遭遇します。分からないものだらけの世界への恐怖に大声を挙げながらも勇敢かつ愚直に試行を繰り返し、分からないから分かるへの転換を進めるヒトの乳幼児期は、人工知能開発者の意欲を刺激しているようです。

分からないが先行する世界で、分かるとは、ストレスの解消であり、恐怖や不安からの解放であり、快感です。

もちろん大人にとっても、既知の情報から分からない状況を推測し、おおよそ分かったと納得できる状態に至る認知の流れは、一瞬で行われるストレス解消であり、快感にもなるでしょう。分かるとは、判断できない状況を脱するために惹起される否定的な感情が解消されたことに起因する、快感の言語的表現だと言えそうです。

分かるとは、分からないを否定したもの。否定を否定し肯定に至る際の快感が、分かるの本質。だとすれば知的好奇心は、分かることの快を学習した者が身に着けた、新たな快への欲望なのかもしれません。

「説明原理」に基づく世界の理解

進化の過程でヒトが獲得した言語には、感情を表現する他、物事を抽象化する機能があります。ヒトが発達させた論理的推論能力と概念を生成する抽象化能力の組み合わせは、世界の様々な事象に納得のいく説明を与えることを可能にしました。説明可能性を飛躍的に向上させた原因は、「分からないことの原因」という概念に恰好いい名前を付けるというイノベーションです。説明不可能な現象の原因をまるっと包み込み否定する概念を創造して説明を可能にするという革新性。

つまり、分からないのは「分からないことの原因」が見つからないためなのだから、「分からないことの原因」さえあれば、分からないに起因するストレスは解消するというわけです。もう少し詳しく説明しましょう。

「分からないことの原因」に恰好いい名前が付く例として特に意思のある超越的存在、日本語における神という概念はあらゆる事象に説明を付けるチート概念とも言えます。神という概念が偉大なのは、およそ森羅万象のすべてに対応できるずるいほどの説明力を持っていることです。多くのヒトの集団において神的な存在が文化の重要な位置を占めるのは、こうした説明力がもたらす納得性に価値を見出しているからに他なりません。噴火という破滅的な現象が神の怒りでないならば、私たちはどのように対処すればよいのでしょうか。神の怒りが原因なら、神に祈ることができます。

様々な事象をうまく説明付けるための概念として、神だけが特権的な地位を有しているわけではありません。例えば霊的な存在や怪異の類も、ある種の現象に論理的な説明を付けるために持ち出されることがあります。また私たちが気や心と呼んでいる概念も、論理的推論を納得のいくものにする便利な概念と考えられます。まだまだたくさんありそうですが、こうした論理的な整合性を付けて納得を得るために「分からないことの原因」に名前を付けた概念を「説明原理」と呼ぶことにしましょう。

説明原理は、説明に論理性を与えることを目的として、「分からないことの原因」に名を与えた概念であり、当の説明モデル自体を成り立たせる前提です。前提なので、説明モデルの内部においては批判の対象となりません。

面白いのは、説明不可能性を否定してイノベーティブに創造された説明原理は、説明力の高さに基づく納得性の高さと、説明原理がなければ他にはどのような説明もできないという唯一性の高さにより、説明原理の真実性を高めるということです。いま手元にあるただ一つの解釈や説明が真実である保証はどこにもありませんが、それを真実と考えるのは何かと好都合です。

神という説明原理は少なくとも数百年間、もしかすると数万年以上にわたり私たちの祖先が現実世界を理解する上で唯一至高の概念でした。神は存在する。そう信じながら人生を全うすることに疑問を差し挟む余地はありませんでした。信じるに足る根拠は、神が存在しなければ様々な事象について説明を付けることができず、神が存在すれば説明が付いてしまうことです。

神の概念は、分かることについての理解も深めてくれます。分かるとは、分からないを脱することでした。また、分かるために私たちは因果律に基づく論理を重視します。解釈や理解とは、論理を適用するモデルを設定することでしょう。説明は言語により解釈を共有すること、納得は他者の説明によって分かること。そんな風に定義できるかもしれません。そして説明原理は、解釈において論理の穴を埋める存在です。

説明原理を具体的に説明するために、七ならべというトランプゲームを取り上げてみましょう。

七ならべは４人程度がプレイヤーとなり、トランプ１組分のカードを数が均等になるようプレイヤーに配布して、それぞれ手札とします。手札のうち、７のカードを場に置いてスタート。場に置かれた４枚の７のカードを中心に１（エース）と13（キング）に向かって順繰りに手札を並べていくゲームです。手札をすべて場に出した人があがりとなり、他のプレイヤーより早くあがることを競います。手札から場に出せるのは、既に場にあるカードと同一マークの連続する数字カードのみというルール。自分の順番で場に出せる手札がない場合にはターンをパスしなければならず、あがりが遠のいてしまうので避けなければなりません。

また、これから始まるゲームでは、プレイヤー全員が納得すればゲーム中に新たなルールを設定してよいものとします。ご都合主義的ですが、とにかくこれで話を進めましょう。

ゲームが開始され、しばらく順調に進行しました。ところが、ゲームの勝敗を決する重要な局面で、場に出せる数字カードが手元にありません。ここでパスしてしまえば敗北を免れないでしょう。何かできないかと手札を睨みつけると、あるカードがふと気になりました。そのカードには数字ではなく、不吉な顔をした人物が描かれています。さらに場にあるカードと連続する数字カードは手元にありませんが、一つ飛ばして並べられる数字カードは持っています。ここに論理的に整合性のあるルールを設定できるかもしれません。やってみましょう。

まず、一つ飛ばしの数字カードを、場に出してみます。すぐさま他のプレイヤーから「連続する数字のカードだけしか場に出すことができないルールに違反しているだろう」と質されます。そこで、おもむろに不吉な人物のカードを取り出し、次のように説明を試みます。「このカードは、数字カードの代わりに置き、あたかもその数字が置かれているように扱うことができるものだ」。他のプレイヤーはさらに「そのカードは何なのだ」と問い質します。「これは、ジョーカーだ」。なぜか元々知っていたかのように、カードの名前を答えることができました。

ジョーカー。初めて耳にしたその言葉から、不思議となじみのある感触を得られました。どうやら他のプレイヤーも同様の感覚を抱いたようで、それ以上の質問はないようです。ゲームはさらに進行し決着しましたが、既に勝利の感動も敗北の無念も記憶にはなく、何か新たな世界の実相に触れて満たされた気分の余韻だけが残りました。

さて、七ならべというゲームを持ち出したのは説明原理なる言葉を具体的に説明するためでした。七ならべにおける説明原理とは何でしょう。それは、ジョーカーです。ジョーカーは「手元に妥当なカードがない」という否定を否定して肯定するカードです。論理そのものを順に並べられた数字カードに見立てると、カードを順番に並べることは論理を整合的に進めることに他なりません。そしてジョーカーがどのような形であれ次のカード繰り出しを可能にすることは、論理的整合性を保つために創造された超越的存在としての説明原理であると捉えることができるでしょう。

七ならべというカードゲームの世界は現実世界を象徴しています。残念ながら私たちは現実世界というゲームを創造しルールを熟知した全知全能のゲームマスターではありません。配られたカードで勝負するプレイヤーの一人に過ぎないのです。

ところで、最初に「プレイヤー全員が納得すればゲーム中に新たなルールを設定してよい」というご都合主義的な前提を置きました。この前提は、現実世界においても仮説の提示に限定がないことと対応しています。現実世界のルールの全容を知らない私たちは、手元にある情報からルールを見出しています。人によっては、上記の説明におけるジョーカーと同様に、新たなルールを創造的に設定して他者を納得させようとしている場合もあるように思われます。

説明原理としてのプラセボ効果

さて、プラセボ効果とは何かという本題に戻りましょう。どうして本題からそれて、神や七ならべについて語る必要があったのか。それは、説明原理について述べるためでした。なぜ説明原理について述べる必要があったのでしょうか。

それは、プラセボ効果もまた説明原理だからです。

私たちがプラセボ効果の存在を直観的に把握するのは、「薬効成分を含まない偽薬の投与が、人に変化をもたらした」という現象に触れた時です。私たちは明白な治癒や体調の変化などの結果を認知する時、その結果をもたらした何らかの原因が必ずあるのだという因果論的な世界観を無意識で適用します。因果論的発想は、偽薬投与による変化にも原因を求めますが、それが何かは判然とせず、「薬効成分を含まない偽薬の投与が、説明不可能な原因により、人に変化をもたらした」と説明するしかありません。

本来薬効のない偽薬による治癒という現象は、7の次に8、8の次に9を配置するような単純な論理からは解釈ができません。数字という論理の外からジョーカーを持ち込んだように、何か新しい概念を創造しなければならないのです。この「説明不可能な原因」を、新たにプラセボ効果と呼ぶこととすると、先ほどの説明は「薬効成分を含まない偽薬の投与が、プラセボ効果により、人に変化をもたらした」となります。

意味は全く変わっていません。しかし、説明原理の目的である論理的な整合性を付けて納得を得ることに成功していると感じられるのではないでしょうか。納得感が付与された理由は、ヒトの言語システムが否定よりも肯定表現を理解しやすいためではないかと思います。あるいは否定の否定は快を生み出し得るから、と説明できるかもしれません。

名前を付けるとは、すなわち定義です。偽薬の投与が変化をもたらす時、その説明不可能な原因をプラセボ効果と定義した。それだけのことと言えばそれだけのことなのです。しかし、それだけで説明が完了したと思えてしまうのが面白いところです。

説明原理はプラセボ効果に関する一つの解釈です。プラセボ効果はこれまでにも様々な解釈に基づく説明モデルが提案されてきました。説明モデルの多くは、身近な概念を用いて説明不可能性に説明を成そうとするものです。それぞれに価値がありますので、紹介していきましょう。

プラセボ効果は実在しない

プラセボ効果の解釈と言えるかどうか定かではありませんが、プラセボ効果の実在を否定する主張がなされる場合があります。自然治癒や平均への回帰などで状態の変化を説明可能だとする主張です。

例えば、ある患者の体調が悪化したタイミングで治療を開始し、治療後に体調が回復した場合には、治療が効いたと解釈してしまいがちです。しかし、何ら治療を施さなくても、体調悪化時からしばらく時間が経過すると、体調は平常の状態に近づく傾向があります。この現象は平均への回帰と呼ばれ、普遍的な統計現象として知られています。

プラセボ効果を否定するのは、プラセボ効果が独立した効果として実在するのではなく、統計的な現象として説明できるからだというわけです。こうした解釈には、説明不可能性の実在を否定して、分からないがゆえに感じるストレスを解消できる価値があります。

また別の解釈として、治癒や変化がもたらされたという認知を否定する立場があります。

偽薬によって惹き起こされる変化はないので、治癒や変化の原因として想定されるプラセボ効果なるものもない。変化があったとする認識は認知の歪み、すなわち思い込みによってもたらされたものだ。そうした解釈には、分からないというストレスがないことや、認知が歪み得ることの実例としての価値があります。

さらにやや変則的な主張として、プラセボ効果は実在しないが、それは偽薬が無効ではないからだという解釈もあります。薬効のない砂糖玉というけれど、砂糖玉だってちゃんと人に甘みを知覚させ血糖値を上げる生理学的な効果があるではないか。要するに、偽薬には効果がないと見做した前提は誤りだとする解釈です。

前提の誤りを指摘するのは批判として非常に有効です。反論のために、生体内で安定とされる金属のチタンを用いた錠剤を作成したところで、質感や重量などの物理的な特徴が人体に影響を及ぼす可能性を否定できません。1キログラム分のチタン錠剤を飲み込めば腹部に違和を覚えるであろうことから、無効性は否定されます。プラセボ効果の実在を主張するのであれば、人体に何ら影響しない偽薬、すなわち理想偽薬が必要となります。もちろん、理想偽薬を現実世界で表現することはできません。

この批判は本質的ですが、ほぼ効果のない偽薬は存在できると認めていただくしかないというのが本書の立場です。

不思議

ここから先はプラセボ効果が実在することを前提に、「プラセボ効果とは何か」という問いに対する様々な回答をプラセボ効果の解釈として紹介します。まずは、プラセボ効果は不思議な現象だとする解釈です。

プラセボ効果は説明原理であり、説明不可能性そのものです。説明不可能性の別名をプラセボ効果と決めたのだから当然です。説明が不可能なことは本能的な恐れを惹起させると述べましたが、こと概念においては恐れとうまく折り合いをつけることができるのかもしれません。

プラセボ効果に噛みつかれた経験のある方なら別でしょうが、通常、概念に襲われて身の危険を感じることはありません。危険性がコントロール可能であれば、説明不可能性そのものに不思議なものとしての価値を見出すことさえできるでしょう。

説明不可能なものにわざわざヘリクツをつけて納得をしようなんて無粋なことはせず、

不思議を不思議として受け止めよう。プラセボ効果は未解明の謎である。プラセボ効果は不思議で面白い。不思議、謎といった説明不可能性や不可知性を表明する解釈は、プラセボ効果に好奇心を差し向ける対象としての価値を見出す解釈です。

思い込みまたは暗示

プラセボ効果は思い込み効果だ。暗示的効果のことをプラセボ効果という。このようにプラセボ効果に関して、思い込みや暗示という言葉を用いた説明は広く受容されています。プラセボ効果は説明原理として不可解な治癒現象に論理的整合性のある説明を付与しました。しかし、何かを分かるためには論理的整合性だけでは足りません。自分が理解できる何かとして我が身に引き寄せる解釈が必要です。現象に見合う身近で使い慣れた言葉がなければ、理解に伴う快感情を生み出すことができません。

プラセボ効果という非日常的な概念もまた、日常語を用いた分かりやすい現象に置き換えて理解する必要があります。置換可能で納得感のある現象が思い込みや暗示でした。それぞれ想念の変容を意味しますが、主体が異なります。思い込みは自身の想念を、暗示は他者の想念を変容させることを意味します。プラセボ効果は想念の変容を原因とする心身の変化だと、日常語に基づき実感を伴って理解できます。

なお、プラセボ効果を認知の歪みと捉え、プラセボ効果の実在を否定する解釈についても思い込みという言葉を用いて説明しました。思い込みの効果だという場合、プラセボ効果の実在を否定するか肯定するかで意味が異なっていることには注意が必要です。

プラセボ効果の実在を否定し、事実として変化がないのに変化があったと思い込む場合、変化の原因ではなく変化の結果についての客観的状態と主観的解釈が異なっているため、認知の歪みと言えます。

一方、プラセボ効果の実在を肯定し、未来に変化が起こるだろうと信じて思い込むことを原因として実際に未来に変化をもたらし得るのだと解釈する場合には、認知の歪みとは言えません。歪みを判定する基準となる未来の想定についての正しさは、その想定をする時点では誰にも検証できないためです。

プラセボ効果は存在し、その原因は思い込みだ。思い込むと現実になる。あるいは、暗示によって他者の心身に変化を及ぼすことができる。この解釈は広い応用可能性を有した価値ある解釈です。

気休め

気休めという日常的な表現でもプラセボ効果が説明されます。気休めもまた抽象的な想念の変容を意味しますが、思い込みや暗示との違いは、変容の方向性があらかじめ示されていることです。

プラセボ効果を否定的に捉え、「プラセボ効果は気休めに過ぎない」などと、その場限りの安心が得られることは認めつつ、実体的な作用がないことを否定的に表現する場合。あるいはプラセボ効果を肯定的に捉え、「プラセボ効果でも気休めにはなるだろう」などと、精神面での良き変化を期待する場合。いずれも、気と呼称する非実体的な何かが休まるという抽象的な作用としてプラセボ効果を解釈しています。

偽薬の服用により、変化が生じる。変化は、精神面での非実体的なもの。ここまではプラセボ効果を思い込みや暗示と解釈する場合と変わりません。しかし気休めは、精神面に生じる非実体的な変化が、落ち着き安んじるなど良い方向への変化だと評価する表現です。

気休め、気のせい、病は気から。気の概念に基づく納得感のある解釈は、プラセボ効果が有効活用できることを示唆する価値があります。

また、医療上の意思決定や経済政策批判において実体的な作用を有する施策が必要だと主張する場合に、非実体的な作用しかないという意味で象徴的にプラセボ効果を取り上げることにより、主張や批判を明確化できる価値があります。

奇跡または魔術

プラセボ効果の逸話に類似するエピソードは、時に奇跡の物語として語られます。物語の宗教的意味合いを強調する目的がある場合に、奇跡という言葉が用いられるようです。

奇跡もまた説明原理であり、説明のつかない現象に論理的整合性を付与して納得感を与える物語上のキーワードです。特に医療に関して語られる場合、奇跡もプラセボ効果も説明原理ですから、エピソードとしての類似性は当然です。

また奇跡が良い変化に用いられるのに対し、悪い変化については魔術や呪術などの言葉が持ち出されます。変化の方向性に違いはありますが、概念の役割としてはほとんど同じです。さらに、奇跡によってしか説明できない現象の存在をもって、奇跡を起こし得る超越的存在の存在証明とする場合があることを指摘しておきます。

なお本書ではプラセボ効果の実在を前提としますが、奇跡や超越的存在の実在を前提としていません。したがって、奇跡的事象をプラセボ効果だと捉えるのではなく、プラセボ効果の解釈の一例として奇跡を位置付けます。

プラセボ効果を奇跡や魔術として語る解釈は、宗教的観念に触れる機会を提供する他、フィクションに色彩を加える具体的なヒントとなる価値があります。

未解明の生化学現象

プラセボ効果は、生理学的・神経学的に説明可能な体内の生理活性物質が関与する現象だが、いまだ解明されていない。そうした立場で、特に科学の方法論を用いて説明できるという解釈があります。

科学的な観察下での治癒現象の原因として、自然治癒でも統計学的な偏りでもなく、その他の既知の理論でも説明不可能だと認知できる要因をプラセボ効果と呼びます。これはプラセボ効果を説明不可能性そのものとする解釈と何ら変わりません。しかしさらに科学的に検証可能な言い換えを進めます。

特に期待や条件付けに基づく意味付け仮説により説明する試みが支持されているようです。この仮説は身体に変化を起こす主体として心の存在を前提とします。ここで心は、感覚器官で知覚可能な事象をシンボルとして意味あるものだと認知し、脳や神経や神経伝達物質など神経学的実体の変化に変換する機能と捉えられます。心はまた、神経学的実体の変化によって知覚すべき対象を方向付ける機能でもあると考えられるので、双方向性を持つと言えるでしょう。

偽薬を含む医療行為にまつわるすべての事象はシンボルとして心に入力されます。医療機関へ出向く、消毒液の匂いを感じながら天井が高く清潔な待合室で待機、看護師に呼ばれると様々な医療器具が置かれた診察室へ移動、白衣を着た医師に挨拶、医師の前に座り病状を説明、診断行為が施され、治療方針と処方箋の提示、薬局へ移動して薬剤師から恭しく薬剤を手渡される。帰宅後、説明通りに服薬。こうした一連の行為はシンボリックな儀式としてやはり心に認知されます。

そこに薬理学的効果と呼べる実体がなくとも、シンボルや儀式により喚起される心は、適切に神経細胞の活動を変化させる。こうした変化により起こる生理学的な作用をプラセボ効果だとする解釈です。

期待や条件付けといった機能を科学的に説明可能なものとして理論を構築する解釈は、科学的探究そのものの推進力となる価値があります。実際、偽薬を用いた療法により脳科学的な変化を測定できたとする報告もあります。また、ヒト以外でも同様の機能を持つことが推定され、プラセボ効果に関して動物を用いた実験も行われています。理化学研究所が実験動物のラットを用いた脳科学的研究により、条件付けという機能を司る脳部位を特定する成果を上げています。

さらに、心を脳の一機能として科学的な検証が可能であるという解釈は、特定の変化を起こし得るシンボルや儀式はどのような知覚の集合体であり得るのかという検証をも可能にするでしょう。

プラセボ効果を有効活用するにあたり、医療への応用は最大の関心事です。根拠に基づく医療が浸透を続ける昨今、科学的に説明可能な現象としてプラセボ効果を捉えることは、根拠を伴ったプラセボ療法を行う上で非常に価値があります。患者に対する医療者の親密な態度がシンボルとして患者の心に作用し、神経学的な経路を介して患者の治癒を促すことが科学的に証明されれば、これを用いない手はありません。

また、分からないから分かるへの変化は快感を伴います。裸で風呂を飛び出し、街中を駆け抜けるのに十分な快感です。科学的に分かることが可能な解釈は、エンターテインメントとして快感を提供します。プラセボ効果を科学的に解明した、とするニュースが流れたら、とにもかくにも確認せずにはおれないのではないでしょうか。

新たな解釈

さて、ここまでいくつかの解釈とその価値について見てきました。どれも価値があるため、どれにも賛同者がいる解釈です。しかし、僕の解釈は異なります。新たな考え方として、分からないを分からないまま取り込む解釈が可能であろうと考えています。そしてそれは、プラセボ効果の有効活用という所期の目的にかなう解釈です。

自らの解釈に価値があるのかどうか、正当に評価することは難しい問題です。新解釈にはほとんど賛同者もいません。それでも一つのアイデアとして、または誰かのアイデアのたたき台としてここに提示したいと思います。

現在のプラセボ効果研究の主流は、いつか科学がこの世の理すべてを詳らかにできるはずと信じる科学至上合理主義にあります。脳神経科学の隆盛と限界が、プラセボ効果の本質を脳内の物理的要因に還元できると主張する合理的科学者の最後の砦となっているようです。ブラックボックスも、精巧な道具と強い光があれば中身を覗き見ることができると言わんばかりに。

しかし、プラセボ効果が科学的な記述によって理論化され、的確に医療応用されることは恐らくありません。なぜなら、プラセボ効果の本質が創発にあり、科学には語り得ない要素を含むからです。創発とは、部分的な機能の足し合わせからは予想できないシステム全体の働きが生まれる現象です。どうしたって説明できないのです。創発という概念もまた、説明できない分からないことに論理的整合性を与える説明原理でしょう。

科学的に説明できなければ、有効に活用することもできない。そんな風に感じられてしまいます。しかしながら、そんなことはありません。

社会を構成する個人は様々な思想を持ち、それぞれ合理的に生活しています。私たちは科学的に正しいから行動を変化させるのではなく、納得感に基づき行動を変化させます。分かることの快感情に行動を制御されています。科学的な理論として破綻していたとしても、特殊な前提に基づく論理的に正しい説明で他者に快感情を提供し、行動の変容を促すことが可能です。特殊な前提に基づく論理的な説明で人の行動を促す例は、地方局の番組欄を埋め尽くす健康食品や健康器具を筆頭に見出すことができるのではないかと思います（※個人の感想です）。

論理的な整合性は、説明の科学的な正しさを保証してくれなくとも、納得感は演出してくれます。人が行動を変える際に科学的な正しさが条件とならない事実は、合理主義者を悩ませます。しかし、怪しげな売り口上に納得して購買行動を起こす人はたくさんいるのが現実です。

プラセボ効果の有効活用を推進するという目的が、最終的には人の行動や考え方の変化を求める以上、この事実を見て見ぬふりはできません。科学的に説明できなくても、納得感を提供できる主張によって、他人の行動を変化させたい。したがって、解釈の方向性は何らかの納得感を生み出すものとなります。納得感は「分かる」や「分かった」というアハ体験、ひらめき体験に基づきます。

改めて、解答を見出すべき問いを確認しましょう。納得感をもって理解可能で、実践的な有効活用を推進するプラセボ効果の解釈とはどのようなものか、です。より一般化すれば、説明不可能性を否定した肯定表現である説明原理について、納得感があり、応用可能な解釈とはどのようなものか。実は、既に人類は異分野でこの問いに解答を得ています。

その解答に沿ったアナロジーによる解釈が、プラセボ効果にも適用可能かもしれません。

本質的な説明不可能性に適切に対処できた分野、それは数学です。

ゼロのアナロジー

アナロジーとは、何かを理解しようとする時、それに似た身近なものやイメージに引き付けて特徴をつかみ取ることで理解を深める方法です。類推や類比とも呼ばれます。

プラセボ効果を持ち出す前に、まず偽薬が何に似ているかを考えてみましょう。偽薬は「薬効成分を含まない」という否定形によってしか特徴を言い表せない性質を持っています。否定的な特徴を持ちつつ、明示的に表現されるもの。この特徴に合致する身近な概念は、数字のゼロです。偽薬はゼロに似ているのです。

数学史上、ゼロの発見は画期的な出来事と評価されています。ないものをないものとして扱うために、ないという特徴を表現する記号が必要だ。そういった認識は既にゼロの概念に慣れ親しんだ私たちにとっては当然でも、ゼロが発見される以前の人々にとって当然ではありませんでした。本書では詳しく触れませんが、ゼロが神の存在を否定するとして長い間ゼロの使用を認めなかった地域さえあります。

ゼロは無という特徴ゆえに有用である。この発想はそのまま偽薬にも適用できるでしょう。偽薬は無という特徴ゆえに有用である。そして数学史上のゼロの歴史を振り返れば、偽薬はその有用さゆえに必要不可欠なものとして社会に受け入れられる可能性を秘めている。そのように考えることは、偽薬業界のプレイヤーにとって非常に心躍るものです。

複素効理論

偽薬はゼロである。ゼロが有用であるように、偽薬も有用である。しかし、本章で紹介したいのは偽薬の類推的な説明ではなく、プラセボ効果の解釈です。偽薬がゼロであるとして、プラセボ効果とは何か。それを説明するために、数学からもう一つの概念をアナロジーとして拝借したいと思います。虚数です。

虚数は２乗するとマイナスになる数です。特に、２乗するとマイナス１になる$\sqrt{-1}$を虚数単位と言い、ｉという記号で表現します。さて、２乗するとマイナス１になる数とは何でしょうか。数直線上にｉを探しても見つかりません。深く考え出すと頭が痛くなってしまうこの概念は、数百年前の数学者の頭も同様に痛めつけました。2乗するとマイナスになるという条件は、この世のものとは思えず、説明ができない存在でした。分からないのです。

分からないがもたらす負の感情に対処する最も簡単な方法は、その存在自体を否定することです。2乗するとマイナスになる数の実在は否定され、想像上の数として曖昧な捉え方をされました。虚数を象徴する記号iは「想像上の」を意味する「imaginary」の頭文字です。

しかし快に貪欲な人類の知的好奇心は、分からないに対処する別の方法を探り、ついに成功に導きます。当初は否定的に捉えられた虚数の取り扱いも、紆余曲折を経た後、人類史上にその名を遺す天才たちにより完全に秩序立てて整備されました。特に実数軸と虚数軸が直交する複素数平面の導入により虚数が幾何学的に理解され、実数と虚数の組み合わせである複素数の概念が生み出され、現在では高校数学で学習する内容となりました。数は1次元ではなく、2次元で捉えるべきだったのです。分からなかった理由は、次元が一つ少なかったためでした。

さて、説明不可能性を否定し、あたかも肯定できたかのように表現することで論理的整合性を与える概念を説明原理として導入しました。実は・iもまた説明原理の特徴に合致するものです。プラセボ効果が説明原理であり、虚数・iが説明原理である時、プラセボ効果を虚数・iのような存在であると解釈してみるのはどうでしょう。プラセボ効果を虚数・iのように見做す場合、治療効果も直線ではなく、平面で捉える必要があります。この考え方を、複素数にならい複素効理論と名付けましょう。

複素効理論の応用

複素効理論は、治療効果を理解するために、複素数平面など数学上の道具を借用する説明モデルです。

複素効理論に関して検討すべき事柄は多岐にわたります。特に、何を平面的に表すのか。そして平面的に表すとしたら、何を軸に据えるのか。これは治療効果や薬効、プラセボ効果をどう捉えるかという問題でもあります。

ここでは治療自体と治療環境による効果が、治療を受ける患者からは独立して存在し、複素数平面上の点として表現できるものと仮定します。

旧来のプラセボ効果理解においては、薬理作用やプラセボ効果など、治療に関わるすべての効果を同一軸に置くことを前提としていました。総合的な治療効果について、各種作用を実数と捉え、単純な足し算として表現していたわけです。しかし、複素効理論においてはプラセボ効果に虚数単位iが付与されます。効果を平面的に表現しており、これまでの直線的な理解とは全く異なるものになっています。

複素効理論では投薬や施術などの治療自体と治療環境による効果を、科学的に説明可能な効果とプラセボ効果に分別し、これらをそれぞれ実軸と虚軸に設定します。すべての治療は、その効果を複素数平面上の点として表現できます。なお、実数の世界から見た偽薬はゼロにしか見えませんでしたが、複素数の世界から見た偽薬はプラセボ効果を有するものとして虚数の値を持ちえます。

そして、治療を受ける患者もまた、何らかの虚数的な要素を有する複素数的存在だと仮定します。複素数的存在である私たちは、複素数的存在である治療が作用することで、その複素数的状態を変化させます。

ところで、虚数は医療機器の測定対象となっていません。虚数的な情報の存在を否定するものではありませんが、測定可能な情報は常に実数で表現されます。それでも薬理学的な効果とプラセボ効果を、それぞれ実数と虚数に見立て、複素数のごとく複素効果と捉えることには、大きな意義があります。いくつかの応用事例を検討してみましょう。

まず統合医療について考察します。統合医療は近代西洋医学と代替医療を組み合わせ、患者一人ひとりに最適な医療を提供しようとするものです。しかし、近代西洋医学が基礎とする科学的根拠に基づく医療という考え方は、科学的根拠が見出せないことを理由に代替医療を批判します。この批判に対し、代替医療の支持者は科学的根拠を提示することで答えようとしてきました。ただ、もし代替医療による治療効果が科学的に説明可能な効果よりもプラセボ効果によるものである場合には、この対応は得策ではありません。なぜならそれは、虚数が実数であると主張することと同義だからです。

ここで簡単なイメージを共有しましょう。まず、紙とペンを準備します。紙にペンで横向きの直線を描いてみましょう。さらに、直線より上に、直線と重ならないように下に凸の放物線を描きます。さて、直線と放物線はどこで重なるでしょうか？

「重ならないように」描いた直線と放物線が重なるとは何事か。重ならないに決まっている。そう思われたかもしれません。実は、紙を折り曲げれば重ねることができます。あるいは、薄目を開け、紙を持ち上げて斜めから見つつ少しずつ傾けていけば、重なっている風に見えるかもしれません。しかし、そんなずるいことや滑稽に見えることをして何になるのでしょうか。

種明かしをすれば、交差する点は実数の世界にはなく、虚数の世界にあるのでした。平面上の直交座標系（いわゆる xy 平面で、複素数平面とは異なる）における $y=0$ の直線を先ほどの横向きの直線、放物線は $y=x^2+1$ の曲線を表すとすれば、この二つの線がどこで交差するかは代数的に解くことができます。答えは、x が $\pm\sqrt{-1}$ のいずれかで y が0となる2点です。

複素効理論によれば、虚数成分たるプラセボ効果が優勢な代替医療の効果を実数的に表現することは、交点のない所に交点を求めるのと同じと解釈できます。ヒトは自分の見たいものを見ることができる生き物なので、科学のルールという紙を折り曲げて交点を作ることはできたかもしれません。しかし、虚数は虚数として、実数ではないからこその価値があるように、代替医療は代替医療として、近代西洋医学ではないからこその価値を追求すべきでしょう。

経済学に比較優位という考え方があります。代替医療は科学的に説明可能な治療自体の固有な効果より、むしろ虚数的なプラセボ効果が優勢であるがゆえに、近代西洋医学と価値を共有し、より良い医療を提供できる。それはまさに統合医療が目指す医療のあり方そのものであるように思われます。代替医療は科学的根拠を求めるより、比較優位による価値を提案するよう戦略をシフトすべきです。

次に、多施設や多国籍で行うプラセボ対照試験について考えてみましょう。新薬の治験においてプラセボ対照試験が実施される際に前提となるのは、薬理効果は固有の効果であり、施設ごとに異なる環境であっても対照群により統計的にゼロ点補正をすることで、見出された変化を条件の違いを気にすることなく効果の証明に利用できるという考え方です。誰が、いつ、どこで治験を行っても、科学的に正しい手順を踏んでさえいれば、薬理効果のあるものには実際に薬理効果があると証明できる。この論理は偽薬がゼロであることに支えられています。

しかし、複素効理論では偽薬をゼロと見做さず、純虚数と見做します。純虚数とは、実数部分がゼロで虚数部分がゼロではない複素数です。複素効理論において偽薬はゼロではなく純虚数ですので被験者に影響を与えることができますし、条件によって絶対値が異なります。ゼロは特別で唯一無二であり、この特性が多施設共同試験の論理を支えていました。しかし、ある純虚数やある複素数は特別ではありません。2iや5+3iは０ほど特別ではないのです。ゼロと見做した偽薬が実はゼロではなくゼロ以外の純虚数だった場合、施設間や試験間の結果に対する解釈は違ったものになるでしょう。

製薬企業は治験におけるプラセボ効果の存在の大きさに悩まされ、プラセボ効果の出やすい人を除くため事前の振り分けをするなど、これを排除する方法を探っているようです。プラセボ効果によるノイズを適切に取り除く技術があれば、医薬品開発の仕事は今よりも確実に楽になるでしょう。複素効理論は、もしかするとその助けとなるかもしれません。あるいは似たような前提に基づく理論は特定の製薬企業内で確立され、既に利益の源泉となっているのかもしれません。もし何かご存じの方がおられましたら、絶対に他言しませんので、こっそりご教示いただけましたら幸いです。

複素効理論の課題と射程

ここまで、数学の概念である複素数を援用して、治療効果を2次元的に捉える試みを紹介しました。

ただし、治療効果を他分野の概念のアナロジーで説明しようとする試みがスピリチュアルな治療法や治療器具、健康食品などの宣伝でも用いられていることは指摘しなければなりません。特に物理学の一分野である量子力学が宣伝文句として援用される例があります。量子力学で説明される常識では捉えがたいミクロの世界の現象を、マクロな治療効果のやや神秘主義的な説明に利用するためです。

複素効理論もまた、そうした説明の亜種と見做せるのかもしれません。説明原理は、否定の否定によって何もない所に何かを見出そうとする意思が生み出すものですから、何でもありです。何でもありの領域で何を良きものとし何を悪しきものとするのかは、価値観の問題です。もっと露骨に快・不快の問題と言ってもよいでしょう。複素効理論によって僕が感じた分かることの快感は、誰かと共有できるでしょうか。あるいは多くの人から唾棄されてしまうでしょうか。

物理学は宇宙を理解するために様々な概念を生み出しました。重力理論が要請するコンパクト化された高次元空間や、宇宙創成における特異点を回避する虚数時間。これらの概念は、物理学界で正当な評価を受けている理論上の仮説です。虚数時間がなければ宇宙の誕生を語り得ないなんて、そんなことが信じられるでしょうか。

現実世界は複雑です。少なくとも、現実世界を記述する上で複素数を欠くことはできません。実数係数の二次方程式でさえ、複素数を考えなければ解くことができないのです。この世界は、二次方程式より単純に記述可能でしょうか。

一次関数のように真っ直ぐで三次関数のようにひねくれた僕は、単純さや複雑さが定義されていないことを承知の上で、こう直覚します。この世界は少なくとも二次方程式と同程度には複雑だ、と。現実世界を思考の対象とする時、数直線のような1次元ではなく、複素数平面のような2次元を妥当な数の体系として想定すべきだと考えます。

観測できない次元の話を持ち出しても意味がないではないかと思われるかもしれません。しかし、高次元を低次元に写し取って生活に利用しようとする試みは、複素効理論の専売特許ではありません。

4次元の情報を3次元に写し取る機械が存在します。私たちはそれを、時計と呼んでいます。時間の流れは目に見えず、触れることもできません。3次元の世界しか観測できない私たちは、それでも、時間の流れを非常に高い解像度でイメージできるように感じます。それは、時計に象徴される、3次元における運動と変位を時間の流れと見做す虚構のおかげです。時計を眺めながら、網膜に映る2次元の像を3次元の物体と認識して4次元の流れを感得する。私たちは上手に次元を捉えているのでしょうか、それとも捉えられなかった次元を上手に無視しているのでしょうか。

もしかすると私たち人間は、複素数の論理を理解できないのかもしれません。実数の論理であれば、何とか理解できるのかもしれません。理解には快感情を伴います。実数ですべてを表現しようとする科学は、人間を快感情で魅了します。一方、分からないという不快を無視することで解消するのも、私たちの得意技です。複素数を基礎とする世界に生きる私たちが実数という非常に扱いやすい数の体系を見出した時、私たちは不快な虚数を喜んで捨て去り、実数の世界に自らを閉じ込める選択をしたのかもしれません。

かつて医療は呪術でした。呪術は複雑な世界を複雑なままに扱います。呪術は論理だけでなく、個別の感情や価値観をもその範疇とします。しかし、呪術はその成立過程を納得させるだけの合理性を持ち得ません。術者の潜在能力など、虚構を持ち出すことによってしか説明できないのです。

近代西洋医学は実数の論理によって科学となり、虚構を介在させずにその効果を説明する方法を確立しました。論理的説明がもたらす快感情を提供できた近代西洋医学は急速に広まりましたが、個体差のある感情や価値観の無視を前提としていました。科学に力を与えているランダム化という手法は、複素数の現実を理解可能な実数に写し取る操作なのかもしれません。

一方、呪術は論理体系を精緻化させ、歴史により安全性を証明することで個別的な医療を求める人の需要に応えます。呪術の発展形とも言える東洋的な伝統医学は、非常に精緻な論理体系の中心に虚構を据えているように思われます。複素効理論を背景とした医療に関するこの描像は、東洋的な伝統医学を、代替や補完以上の何かに思わせてくれます。

医療の進歩を近代西洋医学による伝統医療の駆逐過程とする一面的な見方では、現代医療の問題を的確に捉えられません。医療が抱える課題は、医科学が無視した個別の感情や価値観と直結しているためです。東洋医学が個別的な課題に真正面から取り組むことを得意としているのであれば、東洋医学の思想には現代医療の課題を解決するヒントが含まれているはずです。

納得感をもって理解可能で、実践的な有効活用を推進するプラセボ効果の解釈として提起する複素効理論。この理論が当初の目的を超えてプラセボ効果の深い理解を提供し、近代西洋医学と東洋医学を統合するヒントを見出し、現代医療の課題解決にまで役立つことを期待します。こうした挑戦的構想の実現を可能にするのは、複素数のアナロジーによる複素効理論の数理的な表現です。第7章で、改めて検討してみたいと思います。

第4章　健康観のアップデート

医療のあり方が問われている

今、医療のあり方が問われています。医療従事者の疲弊や医業経営の困難など現場の問題にとどまらず、医療費を含む社会保障費の増加が国家財政の課題として社会問題になっています。この問題を純粋に経済的なモデルと見做し、「必要な医療資源を、必要な時に、必要な所へ提供する方法の探求」と単純化して解決策を探っても、現状では必要な医療資源が拡大を続けているため、供給側からの解決は困難です。私たちが今現在選択している解決策は、赤字国債を発行して必要な医療資源を賄う方法であり、持続可能ではありません。

医療のあり方が問われ、供給側からの解決が困難な問題について対策を検討するなら、単純に考えて、医療の需要側のあり方が問われます。つまり、現に医療にかかる患者のあり方、国民皆保険を実現している日本においては医療サービスを潜在的に求める被保険者たる私たち自身のあり方が問われています。医療とどのように付き合っていくか。どのような付き合いが持続可能であり得るのか。その答えは自明ではありませんが、向かうべき方向性は明らかです。「必要な医療資源」を現状よりも減らさなければなりません。

社会保障に関する負担と給付の議論において、給付を維持したまま負担を増やす選択肢の検討は可能ですが、可処分所得が減少傾向にある日本の現状では社会保険料をさらに上げるなど負担を増やす施策は非現実的です。高齢化社会における給付の維持は負担の維持を意味せず、急激な負担の上昇を意味するからです。

では、どのようにして必要な医療資源を減らし、給付の削減を実現すべきでしょうか。そもそも、こうした話題が偽薬を商品として販売する会社と関係があるのでしょうか。本書はどこへ向かうのか。実のところ、プラセボ製薬株式会社は周囲から思われるよりもよほどヘンテコな会社であり、森羅万象を偽薬やプラセボ効果という視点から見つめるユニークさ、もしくはヘリクツを売りにしています。医療との付き合い方をプラセボから考える時に浮かび上がる概念、それは健康です。

そもそも健康とは何か

健康でありたい。健康になりたい。誰しもが自分や身近な誰かの健康を願っています。健康のためにテレビで紹介された健康法を試し、有名人が推奨する健康食品を摂取する。実践して価値を感じたら、それを共有せずにはおれません。健康志向は超高齢社会の基礎教養であり、文化であり、習慣であり、ビジネスです。しかし、聖典における神のように、健康志向社会における健康という概念はそれほど自明のものではありません。

健康とは何か。この問いは軽視されがちですが、非常に重要な問いです。一般的には、医科学の進歩により、客観的な対象として健康を扱えるようになったと認識されているようです。

例えば、医学系の学会が公表する健康基準値があります。新たな基準値が以前の基準よりも緩和される場合、「以前の基準は厳し過ぎた」、「新たな基準では病気の前段階を捉えきれず、治療が手遅れになる可能性がある」、「自分は健康なのに病人扱いされ、不要な薬を飲まされていたのか」、「医師・製薬会社が、利益のために意図的に基準を厳しくし、病人を大量生産した」、「厚生労働省が医療費削減に本気で取り組み始めた」など各種メディアが様々な主張を紹介し、喧々諤々の議論が展開されます。これらのコメントはどれも「基準値に基づき、客観的に健康を捉える」ことを前提としている点で共通しています。

しかし、健康は目に見えない概念であるため、客観的なデータで一意に定まることはありません。ある時は過大に、またある時は過小に評価されます。検査数値などの外的な基準によっても、健康の評価が大きく変化します。健康には全く問題がないと考えていたのに、健康診断で要再検査と判定された途端に具合が悪くなったように感じる。反対に、痛みなどの兆候から重大な病気を疑い病院へ駆け込んだものの、検査の結果には全く問題がないと分かった途端に痛みも消えていた。そんな状況を身近に見聞きしたことがあるのではないでしょうか。

健康病になっていませんか

健康を求めるがゆえに、いつでもその未充足を思って不安になる。現代は健康病の時代だと言われます。健康を求めて健康基準値を遵守できるよう努力したり、薬効成分や健康成分を補給したりしても不安は払拭されません。

健康病の病理は、健康という不確かで捉えどころのない虚構的概念を客観的かつ定量的な方法で観測可能だとする前提にあります。健康の追求に終わりがないのは、悪い所のないことを科学的には決して証明できないからです。

誰もが客観的、論理的、科学的に振舞おうとして、健康に対する責任を外部に放り投げてしまっています。健康になりたいと願うのに、健康に関する基準を外部に置いていては、いつまでたっても健康にはなれません。検査数値など客観的指標によって示される情報は、健康ではなく病気の可能性だからです。人間ドックで異常なしとされた場合、その結果が意味するのは「健康である」という積極的肯定ではなく、「病気ではないかもしれない」という非病気の可能性です。ここには大きな隔たりがあります。

健康病は、不安症的で外部依存的な行動を伴います。体調に何か不具合を感じれば、薬局やドラッグストアに置かれた対症療法薬という外的な力を借りて、とにもかくにも積極的な症状の消退に努めます。また何だか悪い所があるような気がする、という理由でとりあえずの診察とくすりを求める高齢者で病院が溢れています。

ＷＨＯは健康の定義に関して、「単に病気の不在を意味するのではない」と強調しています。このことは逆に、健康について病気の否定を定義としがちな傾向があることを示唆しています。身体のどこにも不調がない。これを証明するのは悪魔の証明です。証明不可能なのです。「既に検査したココとココとココに不調はない。しかし、未だ見ぬアソコに病的状態が潜んでいるのでは？」という不安と恐怖が追い立てる永久運動に、終わりはありません。死がその最終的解決をもたらしてくれる……というのが行き着く所のように思われます。

一方、健康と病気を明確に二分せず、連続的な変化として捉える未病という概念があり、未病を産業振興につなげようとする動きもあります。しかし現在の未病産業が目指すところは、未病を病気の前段階と捉えて科学的に定義し、健康の領域を狭めてしまうことのように思われます。心身の状態には「健康」と「病気」があるだけではなく、「健康」と「未病」と「病気」があるのだとすれば、「病気」を産業振興に利用しづらい以上、これまで「健康」とされていた範囲に「未病」を新たに組み込まざるを得ないためです。

身体的・精神的に不調のない状態が自覚的に感知されるだけでなく、ありとあらゆるテクノロジーによって証明されるならば、病気でも未病でもない状態、すなわち健康である。未病産業の拡大がもたらすこうした健康観は、達成不可能な健康という幻想を追い求める健康病をさらに深刻化させるのではないでしょうか。

自分に対する信頼を健康と考えてみる

健康についてもう少し柔軟に考えるため、健康を自分という存在に対する信頼の度合いと考えてみましょう。つまり、健康を自分という存在に対する信頼の度合いという尺度で点数化できると考えてみましょう。

ある時、健康談義の一つとして、こんなことが話題になりました。なぜヒトは、お腹が冷えると下痢をしてしまうのだろう。現代のネット環境は疑問に対し即座に回答を与えてくれます。お腹が冷えると下痢をしてしまうのは、自律神経が乱れて腸が異常収縮するからだ。そんな答えを教えてくれます。

ただし、この説明は実証的な研究に基づくものではなく、常識的解釈に基づくものでしかありません。下痢するのだから腸の異常で、腸の異常と冷えという状態を直接的につなぐ論理を挙げるなら、自律神経が妥当だろう。そのような常識的判断が基になっています。しかし、自律神経の乱れはマジックワードです。およそすべての説明不能な生理現象を説明できてしまう説明原理です。

では、他にどのような妥当な解釈が可能なのでしょうか。お腹の冷えは、体幹部の温度低下という状態変化です。恒温動物の中でも体毛が非常に薄いヒトは温度低下に弱く、ある一定の温度を下回って行動不能になる前に温度を上昇させなければなりません。体幹部の温度低下をもたらした環境はさらなる温度低下を惹き起こすと考えられるため、時間的猶予はありません。

効率的に温度を上げる方法は、発生する熱量を上げ、熱容量を下げることです。ヤカンでたとえるならば、素早く沸騰させるためには火力を高め、中の水を捨てて最小量にする必要があります。ヒトの体もまた、効率的に温度を上げるために水を捨てます。体が冷えるとおしっこが近くなるのも、この作用だと考えられるでしょう。下痢もまた水分の排出です。しかし、おしっこと比べると様相が全く異なります。

おしっこはそもそも水を体外に排出する機能として備わったものです。通常、うんこは水分を吸収されある程度固まって出てくることが期待されます。それでも水のまま出てきたのだとしたら、何か理由があるはずです。それは、熱量を上げるという機能に関係しているのではないでしょうか。

おしっこが通る腎臓から尿道への経路は排出用に効率化されているため、生化学反応による熱の発生がほとんど起こらないように設計されているはずです。反対に、うんこが通る胃から小腸、大腸への経路は水の吸収が仕事ですから、水を排出するにはエネルギーが必要です。たとえるならば、水車を逆回転させるために必死で力を加える人物のイメージです。排出のエネルギーは、生化学反応において熱に変換できるでしょう。

したがって、特にお腹が冷えてしまった場合には緊急対応的に下痢をすることで、熱を生み出しつつ温度上昇の効率を向上させることができます。冷えからくる下痢の原因は、冷えという温度低下そのものだったのです。

また、化学的なエネルギーを熱源に利用しているという別の解釈も成り立ちます。酸とアルカリを混ぜ合わせると中和熱が発生することは理科で学びます。胃酸と腸液を反応させて中和熱を発生させながら、同時に発生する水を捨ててしまう結果が下痢だと説明できそうです。これもまた、生命を維持するための緊急対応的な防御反応と思われます。

さて、自律神経の乱れを持ち出す場合と比較して、下痢の原因を温度低下への緊急対応だとする説明はやや長くなってしまいました。注意しておきたいのは、この説明もまた実証的な研究に基づくものではなく、現時点では仮説に過ぎないという点です。同じ仮説ですが、自律神経の乱れ理論と緊急対応仮説には大きく違う点が二つあります。一つは、説明の単純さです。もう一つは、自分という存在に対する信頼の度合いを高めてくれるか、低くしてしまうかです。

自律神経の乱れ理論では、単純明快な説明が可能です。単純明快さは文字通り快感情を生み出し、正しさと結びつけてしまいがちです。良くも悪くも分かってしまうためです。また、生理現象を説明するために自律神経の乱れとそれに伴う原因部位のトラブルを指摘します。必然的に自分の体への信頼の度合いを低めます。

一方、やや複雑な緊急対応仮説は、冷えという危機的状況に対し自律神経は熱を生み出して効率的に温度に変換するため自律的に作動し、生命を守る機能を果たしているとの説明です。自律神経は乱れておらず、一生懸命に働いてくれています。つまり、下痢というあまり望ましくない生理現象においてさえ、信頼の度合いを高めてくれるのです。

自律神経の乱れを体調不良の原因とする解釈は、冷えからくる下痢だけにとどまりません。様々な不調が自律神経の乱れで説明されます。他の説明原理が持ち出されることもあるでしょう。そのすべてに疑いを差し向け、糾弾したいのではありません。様々な生理現象について、生命の神秘を信じ、自分という存在に対する信頼の度合いを高めてくれる解釈ができないか、今いちど考えてみたいのです。医療資源が不足する現状に適応して健康について考えるとは、自分という存在に対する信頼の度合いを高めてくれる解釈を求めることに他ならないからです。

科学は健康について多くを教えてくれません。冷えからくる下痢という現象が存在するのかさえ教えてくれません。ましてや、その現象の原因追究などできないでしょう。なぜなら、冷えからくる下痢について研究する時、まずどのような条件でお腹を冷やせば確実に下痢を起こすかという非倫理的な検証が必要だからです。科学的エビデンスを得ることが原理的には可能でも、倫理的に不可能である場合、私たちは何を語ればよいのでしょうか。それは、努めて冷静に、あり得る論理的説明を検討することです。実証研究ができない現象について語られた説明は、ある意味すべて虚構なのです。すべて虚構であるならば、より良い虚構、自分という存在に対する信頼の度合いを高めてくれる解釈、それに触れるだけで不思議と温かい気持ちになれる虚構を創造すること。

良き虚構を創造するための合言葉は、「される客体、する主体。からだはいつも、する主体」。一見不快な生理現象も、外的な力により変化させられたのではなく、主体性をもって身体に変化を生じたのだと考えてみることが重要です。外的な刺激に自律神経が乱されたのではなく、外的な脅威に対し自律神経等の機能を総動員して生命の維持を図るという主体的な物語が求められています。

もちろん誰もが個別に良き虚構を創造する必要はありません。集合知の力を信じ、広い視点から健康に関する可能な物語を構築すればよいでしょう。インターネットはそうした良き物語が詰まった健康大辞典になれる可能性があったように思います。

しかし現代の情報環境は、健康にとってあまり望ましいものではありません。私たちが生活上目にする情報の多くは、誰かが労力や時間やお金などのコストをかけて私に・あなたに伝えようとしたものです。インターネット上で提供される医療情報の大半も、ある目的のために、多大なコストをかけて作成され私たちに届けられています。情報提供の主な目的は、金銭的な取引が生じる治癒の物語に結び付けることです。資本主義において、コストの負担は将来の利益によってのみ正当化されるためです。

現代に生きる私たちは不調に際してインターネット検索により単純な説明に基づく不快な原因を見出すと、バナー広告からリンクされたランディングページで健康食品を買い求めるか、ＯＴＣ医薬品を買いにドラッグストアへ向かうか、医療措置が必要であれば医療機関へ足を運ぶといった消費行動を取ることになります。なぜなら、お金が生じる治癒の物語はその構造上、自分という存在に対する信頼の度合いを低くさせた上で救済を授けることを必要としているからです。救済は常に、外的な何かとして提示されます。

自分という存在に対する信頼の度合いが低くなってしまった時、私たちは医療従事者の疲弊や病院経営の困難さについて思い巡らすことも、国家財政に思いはせることもなく、ただ自らの不快を解消するために医療機関を訪れます。

この状況が健康観や医療観をアップデートして行動を変化させようとする情報に触れた

結果だとすれば、この作用を反対に利用することもできるはず。健康観や医療観というアプリケーションを改めてより良きものにアップデートできれば、行動は変化するのだ。そのように信じたいのです。

健康をどのようなものであると認識するかという健康観、さらには外的な情報に依存することなく自ら健康を定義して引き受けようとする責任感がなければ、健康の追求にゴールは設定できません。

健康の主導権を取り戻そう

健康病に陥りやすい私たちにできるのは、私たち自身に既に備わった能力や感覚をもっと信じてみることです。外的な基準によって明らかにされる健康を目標とするより、感覚とその良き解釈に基づき自分という存在に対する信頼の度合いを高めて健康の主導権を握ること。

もちろん、私たち自身にコントロールできない状況が生じた場合、医療を頼ることには何ら問題ありません。解決すべき問題は、需要者側が自覚的に変化しなければ、医療制度に持続可能性がないことです。需要者の変化は、未病産業への期待を高める方向ではなく、考え方ひとつで変えられる自らの健康観を更新する方向を目指すべきです。

健康アプリを導入したスマホが発するビープ音とバイブレーション（振動）によって外部から感知される不健康の兆しを信じるより、自分自身の感覚を信じてみる自信を。人間の身体は、人生を良きものだと確信するのに十分な期間にわたって稼働できる優れたハードウェアなのだという信頼を。

もちろん未病産業には、その主導者が主張する以外にも、健康談義のコンテンツとして価値があります。おしゃべり好きの高齢者にとって、自身の不調とそれに対処できるとするもっともらしい健康情報は格好の話題です。健康談義というお手軽な永久的話題を捨て去り、ヒマをヒマとして受け容れる覚悟が必要でしょうが、健康でないことを明らかにしようとする未病的健康観から健康であることを信じてみる自信向上型健康観への転換は、今後の社会において必須であるように思います。自らの病を誇るより、過去の栄光を愛でつつ、未来の語り方を模索してみてもよいのではないでしょうか。

ヘルスケア業界はこれまでに行ってきた病気創出、病名付与、不安商法、利益追求のくびきから自らを解き放つべきでしょう。そうでなければ、今以上に不安はびこる悲観的な未来予想が現実となる気がしてなりません。

未病産業は、健康が私たち自身の外側にある「イノベーティブなテクノロジー」や「健康基準値」によって客観的に証明されるべきだと訴えますが、全然そんな必要はなく、既にあるこの身体をこそ信じられるはず。外部から押し付けられた幻想的目標と感覚否定によって失敗続きの永久運動を強いられる必要はないのです。

旧来の仕事のあり方に疑問を投げかけ、仕事と遊びの境界がなくなる未来を予想する方がいます。ヘルスケア産業もこれにならうことができるはず。不安の増大をもたらす話題創出産業から、余暇の埋め方に自由をもたらす遊びゴコロ拡大産業へ。ヘルスケア産業が提案すべきは未病などではなく、個別性を重視した、感情や価値観や意味に基づく、新しい何かであってほしいと願います。ヒントは、客観性を重視する医師の仕事の拡大方面ではなく、個別性を重視する看護や介護の領域にあるのかもしれません。

プラセボ製薬が提供するもの

プラセボ製薬では、自然治癒力に基づき、自分という存在に対する信頼の度合いを高める健康観の普及を目指しています。外部の何かに頼るより、自分自身の内側から立ち上がってくる感覚への信頼が健康に対する責任を自ら負う自信につながると考えているからです。

責任を負うといっても、何かの病を得た時、その原因がすべて自分の行いにあると認める超人的な強さを手に入れることではありません。病を経験し時間をかけて治癒を目指す上で、治るのは自分であると信じるには、責任の所在を明らかにする必要があります。感染症治療などを除き、くすりは現代的な病の多くに根本的な治癒をもたらしてくれません。治癒するのだという意志を、対症療法という形でサポートしてくれるに過ぎないのです。

健康とは何か。この問いを純粋に主観的なものとして、我がこととして捉えること。最終的な判断を外的規範に依存せず、客観的数値を判断材料の一つとして劣後させ、感覚を優先すること。それだけで健康観は大いに復権を果たすのではないかと思います。

一つ懸念を挙げるとすれば、価値基準や判断の外部委託が人間の得意分野である可能性です。宗教は判断の基準を聖典に求めます。現代では科学という聖典に判断の基準を求めることが、医療、教育、福祉など各所で要請さえされています。自ら決断する必要がない状況は、ある意味では悩み少ない良き生活だとも考えられます。寄る辺なき人生の不安は、よすがを求めるのに十分な理由となります。標準医療が主張する標準に従うことの安心感。基準値によって示される健康と長寿への期待感。これらを求めてしまう気持ちを否定することなど絶対にできません。人間という動物の特性を、意志の力で越えてしまえると楽観視することはできないのです。

もしかすると科学は、人間の特性を考慮しながらも健康観と医療制度を適正にする手法をエビデンスに基づき提示してくれるかもしれません。判断の外部委託が得意な人間の一人として、科学にも期待します。

現在の医療制度の根幹を成す国民皆保険制度には共有地の悲劇が起こっていると指摘されます。共有地の悲劇とは、誰でも使える有用な財産があるのなら自分が使わないのは損だと考え、誰もが最大限利用しようとした結果、財産自体が失われてしまう状況を指します。安価な医療サービスという共有財産は、枯渇が心配される状況になっています。適切な医療につなぐ情報があったとして、つながるべき医療がなければどうしてよいのか分かりません。

現代医学の極めて優れた部分を被保険者なら誰でも比較的安価に享受できる現行の皆保険制度が持続可能でないとするならば、私たち自身が何らかの選択をしなければなりません。為政者だけで解決可能な問題ではないのです。皆保険制度の堅持を叫ぶのであれば、それに見合うよう負担を増やすか、医療サービスの必要量を減じるしかありません。

私たち自身が今からでもできることは、医療サービスの必要量を減じるために健康観を自覚的に認識し、必要があればその変化をも受け入れることだと考えます。健康に対する信頼を高めてくれるような良き虚構にアクセスしやすい環境が構築できれば、共有地の悲劇の解消に一歩近づくように思われます。

プラセボ効果という現象は、自然治癒力の存在と影響の大きさを物語るエピソードと捉えることができます。偽薬が効いたといっても、偽薬が実効力を伴った積極的な作用を持つわけではありません。そこにあるのは、創発的な治癒現象としてのプラセボ効果です。身体が偽薬に反応する時、身体は治癒の方法を既に知っているようなのです。「健康は、わたしのからだが知っている」。プラセボ製薬では、プラセボ効果の存在を前提とした身体への信頼感や自信を提供したいと考えています。

プラセボ製薬では偽薬を健康食品として、すなわち「健康とは何かを今一度よく考えてみるための食品」としても取り扱っています。自分が健康かどうか自信を持てない時には偽薬を服用してみて、どのような感覚が得られるか試してみるというのも、偽薬の一つの使い方です。偽薬の使用とその感想は、健康談義のコンテンツにもなるはずです。プラセボ効果の存在は、自分という存在に対する信頼の度合いを高めてくれる重要なトピックです。自分自身の健康を捉える、その感覚を磨き、鋭敏にすること。いかにも動物的ですが、生きる上でこれ以上重要なこともそうそうないでしょう。偽薬がその一助となれば嬉しく思います。

第5章　効かない偽薬の価値

プラセボ製薬は偽薬を販売する会社です。偽薬の価値は大きく分けて二つあります。一つは、効かないこと。もう一つは、効くことです。これまでの章でプラセボ効果という現象とその解釈、また健康観を転換する道標としての役割を見てきました。偽薬の価値は、プラセボ効果にあり。そんな風に思われますが、実のところ、偽薬の価値を考える上で、効かないという性質も重要です。数学におけるゼロのように。

高齢者介護と偽薬

高齢者介護と偽薬は相性が良い。そんな風に思います。そして、プラセボ製薬では常に介護者側に立ちたいと考えています。商品を購入して利益をもたらしてくれるのは専ら介護者側なので……という商売上の一面があることは否定しません。

さらに言えば、介護者から被介護者へのライトな悪意の発露すら応援したいと考えます。人間が全き善意の存在となることはあり得ず、軽微な悪意の発露を許してしまうことこそが介護という一大事業の継続条件であると捉えています。献身的な介護者が一時の感情で被介護者に暴力を振るってしまい取り返しのつかない状況に陥る悲劇は、何としても避けなければなりません。

継続的な介護の実践には、介護者保護主義という介護者側を優先する考え方が必要不可欠です。偽薬の活用が期待されるのも、そんな場面です。

高齢者の中には、大のくすり好きと呼べそうな方がたくさんおられます。三度のメシよりクスリ好きと言うと誤解を招きかねませんが、本当に医薬品依存と言って差し支えない状況の方もおられるようです。依存状態にある場合でも、心の拠り所となっているであろうくすりを無理やりに奪ってしまうような方法は避けるべきです。効果がないゆえに副作用の心配があまりない偽薬で置き換えることができないか、ぜひ検討してみてください。

くすりをやたらと欲しがる高齢者のなかでも、特に認知症の方は記憶力が低下するため、つい先ほど服用したくすりについて「まだ飲んでいない」と思い込んでしまうことがあります。周囲の方にとっては客観的な事実としてくすりを飲んだはずなのに、本人にとっては事実として飲んでいないと思い込んでいる。こんな時、どのような接し方が望ましいのでしょうか。

本人が信じる事実と客観的な事実の食い違いは、適切な理解に基づく服薬規定の遵守を難しくさせ、無用なくすりの過剰摂取により副作用が出てしまうなど弊害があります。しかし、思い込みの事実でも本人にとっては絶対の真実であり、介護者が客観的な正しさを振りかざして頑なな態度で臨めば、かえって事態をこじらせてしまうことにもなりかねません。

正しさを主張して混乱が生じるくらいなら、いっそ客観的な事実はさておき、「まだ飲んでいない」との言葉に寄り添い、改めてくすりを飲んでもらう方法が有効です。薬効成分を含まない偽薬ならば、複数回の投薬希望があったとしても安心して飲んでいただけます。ちょっとした嘘の介在は予想されますが、人間関係を潤滑にする嘘の効用を積極的に利用してみるのも悪くないでしょう。

認知症の介護においては、介護される側の物語というある種の妄想的虚構世界にできるだけ寄り添うことが介護者と被介護者にとって得策であるとされています。社会における人間関係の大半は双方の歩み寄りや相手の立場を慮る思いやりを前提としていますが、認知症介護ではそうはいきません。介護される側から介護する側への歩み寄りを期待すると、残念ながらうまくことが運びません。

ここはむしろ、ある種の諦念を胸に取り組まなければなりません。あきらめが肝心。騙すことと妄想的世界に寄り添うことの差は、実のところありません。それを実践する人の心持ち次第です。偽薬を使う上では、少しの悪意を持って騙すことを実践してみてもよいのではないでしょうか。地獄への道は善意で舗装されている、と言います。天国への道は悪意で舗装されているのかもしれません。悪意とも解釈できる騙しという行為によって、穏便に解決する問題があると信じます。

倫理的な問題についてもう少し詳しく考えてみましょう。認知症の方にとって偽薬が有効な場面があるとしても、介護者が被介護者に嘘をついてよいものでしょうか。こうした倫理的な疑問は、認知症の方に対する偽薬の利用を躊躇させる要因となっています。中でも仕事として介護を実践する介護職の多くは職業倫理として顧客に誠実でありたいと考えています。実際、偽薬の利用から嘘や騙しの匂いを消し去ることはできません。

しかしながら、嘘を上手に利用できる可能性をはじめから排除する必要もありません。愛情を込めた嘘で円滑になる人間関係があり、使用する人される人双方に利点があるはずだからです。

介護者が正しいと認識していることと、認知症の方が正しいと認識されていることは時として食い違ってしまいます。介護者が正しいと信じる認識に無理やり従わせようとするのではなく、認知症の方の精神世界に寄り添い、嘘を利用して双方のストレスを軽減する。

そうした柔らかな介護の取り組みが推奨されます。

組織的なフェイクニュースが社会や政治に歪みを生じさせる実態が明るみになるにつれ、嘘を憎み、嘘を敵視するメッセージがメディアの広告コピーとして採用されるようになりました。嘘に効用があるとしても、嘘の価値を認め、自らが当事者として実践することにはやはり心理的な葛藤が生じ得ます。そんな場合には、こんな風に考えてみてください。偽薬でくすりの飲みたがりに対応するとき、私たちは手品師になるのだ、と。

手品やマジックなど、観客を騙し欺く技術はエンターテインメントとして広く受け入れられています。わざわざ時間を使ってでも、料金を払ってでも、上手に騙される体験をしたいと考える人が大勢います。手品師と観客、双方の理解があり、双方に害がないことがあらかじめ保証されている場においては人を欺き騙すことが積極的に歓迎されるのです。介護もまた、そうした場になり得るのではないでしょうか。

認知症の方がどんな態度をとろうとも、介護者を真剣に困らせ不幸にしたいとは決して思っていないはずです。自らの不安や不満を上手に表現できていないだけでしょう。そうした理解がある限り、害のない嘘は肯定される。そんな風に思います。

偽薬を使用する際、あなたはマジシャンです。臨機応変に騙しのテクニックを駆使して満足を感じてもらうことが何より大切です。介護者がそうした心構えで利用するなら、そこに愛情を込めることだってできる。常識に囚われない柔らかな知性と偽薬を駆使して、より適切でストレスの少ない対応が可能となることを願っています。

あるいは、こんな風に考えるのもよいかもしれません。偽薬には嘘という有効成分が含まれているのだ、と。偽薬には薬理学的に有効な成分は含まれていませんが、嘘という有効成分のお陰で薬の飲みたがり症状に効果を発揮するものと考えてみてください。介護者は自ら嘘の負い目を感じる必要はありません。なぜなら、嘘は偽薬そのものに含まれており、介護者自身が嘘をついているわけではないからです。医師や薬剤師が医薬品の有効成分について説明するように、偽薬の利用者はその有効成分としての嘘について説明しているだけなのです。

いずれにせよ、初めて身近な人に嘘をつかなければならなくなった状況で心揺るがす葛藤を抱えたとしても、できるだけ気軽に適切な対処を実践することのできる小道具として偽薬を利用していただければと思います。

なお、介護職の方が顧客に誠実でありたいと考えているがゆえに偽薬の利用に慎重になるという説明をしましたが、同じ理由で偽薬を積極的に活用されている介護事業所もあります。誠実さをどのように表現するかは組織や個人のポリシーに従うもので、客観的な正解があるわけではありません。

実際のところ、プラセボ製薬が偽薬を販売する以前から広く偽薬は用いられてきました。「介護あるある」として介護職の間で共有された伝統的なケアの手法となっています。偽薬には信頼と実績に支えられた確かな利用価値があるといっても過言ではありません。

くすりの飲みたがり対応以外にも介護現場において偽薬が利用できることを発見された介護職の方がおられます。その目的は、水分摂取の機会を作ることです。

近年、認知症介護における水分補給の重要性が認識されるようになりました。認知機能の低下は体内の水分量が低下したことを知らせる喉の渇きといった感覚を覚えることさえ難しくします。加えて、脱水症状によりさらなる認知機能の低下を招くことが知られるにつれ、水分補給が重要なケアとして実践されるようになりました。高齢者が喉の渇きを感じにくくなり気付かぬうちに脱水状態になってしまうのなら、介護される側の要求がなくとも水分補給を提案する必要があります。偽薬を飲んでもらうという行為は、水分摂取と同時に実施できます。また本人が水を飲みたがらないなど水分補給を主目的とした水分摂取が難しい場合には、くすりを飲んでもらうという理由を添えることで、自然な形で水分摂取を促すこともできます。

さらに介護をされるお客様の中には、くすりを飲みたいという意欲が高齢者の活動的な生活につながるという価値を見出された方もおられます。個室のある介護施設で偽薬を受付に備えておき、頓服として睡眠薬や鎮痛薬などのくすりが欲しくなった場合には、わざわざ個室から歩いて受付まで来てもらうようにする。くすりを飲みたいという気持ちは、歩くという行動や職員とのコミュニケーションをとらせます。また、その偽薬を他の入居者との共通の話題にして盛り上がるなど、副次的な効果もあったようです。

偽薬それ自体には効果がありません。しかし、偽薬が手に取ることのできる形でそこにあるということが、行動の変化を促すという効果を生じさせます。プラセボ効果とは異なるこの効果には今後、何か素敵な名前が付けられるかもしれません。

多剤併用からの卒薬サポーターに

近年、多剤併用（ポリファーマシー）の問題がクローズアップされるようになりました。特に高齢者が複数の薬剤を使用している状態については、健康被害を危惧する厚生労働省が医療機関に対して具体的なガイドラインを提示して注意を促すまでになっています。

多剤併用には様々な問題がありますが、大きな問題の一つは薬剤が多いというまさにそのことに起因する管理の難しさです。管理の難しさは、誤った服薬を生み、健康を害する可能性を高めます。また一見すると多剤併用とは無関係の事象に思われる残薬の問題も、常時服用する薬剤の量が増えて管理が難しくなってしまうことに起因している可能性があります。いずれも一つひとつの薬剤に正しい用法用量が設定されているがゆえ、正解が一つだけの、失敗を許さない課題である点で共通しています。

社会的な問題の多くには正解が多数あるか、またはハッキリしないことが多々あるため、失敗はそれほど目立ちません。しかし、服薬の問題に関しては「ただ一つの正解」と「数多くの不正解」がある非対称の課題です。小学生の算数テストのように失敗がはっきりと際立ってしまいます。しかも、「数多くの不正解」は管理すべき薬の数が一つ増えるごとに一つ増えていくような相加的なものではなく、一つ増えるごとに10も20も増していくような相乗的な複雑さを有しています。

失敗の選択肢がたくさんあるのに失敗を許さない問題を、うまい説明や事前事後の確認といった精神論的対策だけで乗り切れるはずがありません。取り組むべき問題の設定そのものが不適切であると言えるでしょう。同様に、うまく組み上げられたシステマチックな仕組みで多剤を扱えるようにするのも、問題解決の方向性を間違えています。問題の本質は、薬剤が多過ぎることなのです。

したがって、多剤併用において薬の飲み間違いをなくす良い方法や薬を飲まし忘れさせない方法としては、薬の数を減らすことが最優先で、できればゼロとして卒薬してしまうことになります。このことは、服薬管理・服薬介助をするすべての人が念頭に置いておくべきかと思います。服用すべき薬剤の数がゼロなら、間違えようがないのです。

卒薬と言っても、ある時点で思い立ったが吉日と急に服薬をやめてしまうことは推奨されません。かかりつけの医師・薬剤師に相談の上、慎重に事を進める必要があります。薬効が重複する薬剤が複数ある場合にはいずれか一つに絞り込むなど、専門的な見地からの助言に従うのが得策です。卒薬への第一歩は、適切な減薬から。薬をやめたい・減らしたいという意思がある場合、あるいはそのような意思の提示を受けた場合には、早速減薬を試みてみましょう。

しかし、減薬を始めるにあたり医療関係者および患者の双方が注意すべき事柄があります。それは、減薬する際に減るものは、薬物の量や薬剤の数だけではないということです。

薬剤の数を減らすと、しっかりとくすりを飲んだという実感も減らしてしまうのです。

　プラセボ効果やノセボ効果の存在を信じるのであれば、確かな服用感の減少には注意が必要です。なぜなら、くすりを飲んだという実感こそが薬効の本体かもしれないからです。減薬を進める上で重要なことは、薬を減らしても大丈夫なのだろうという安心感です。服薬感の減少が不安をもたらす可能性を軽く見てはいけません。

　減薬を試みる際には、くすりに似せて作った食品である偽薬を有効利用できるかもしれません。ただ、偽薬を活用することが減薬成功率を向上させるという主張を裏付ける科学的な証拠は今のところありません。科学の方法論は偽薬を比較対象として利用することで偽薬以外の何かの効果を証明することに最適化されており、参照点とされる偽薬の評価には最適化されていません。偽薬そのものに関するエビデンスをこしらえるのは難しいのです。証拠に基づく医療を信条とする医療関係者に対し、偽薬の利用を推進すべきとする判断材料を提示できないのが弱いところです。

　しかし偽薬を飲むことは、確かな服用感を生み出す最も確実な方法です。それに何より、多剤併用が健康に資するというエビデンスなどないまま実施されているのに、エビデンスがないことで偽薬の利用をためらう必要もないでしょう。禁断症状や離脱症状を抑えつつ、少しでも減薬を楽にできるならば、それは効かない偽薬の価値と言えます。

なおプラセボ効果を暗示的効果だと解釈する立場から、偽薬であることを患者に知らせると暗示状態が解消して偽薬の価値を無にしてしまうと主張されることがあります。現在ではこのような主張に対して、科学的見地から疑義が呈されています。明示的に偽薬を服用させるオープンラベル・プラセボと呼ばれる条件においても、自然治癒や平均への回帰などでは説明できない効果を示す事例が報告されているためです。したがって、減薬の試みに偽薬を使うにあたり患者を騙さなければならないという倫理的課題や、騙されていることを知った患者から訴えられる可能性があるという法的課題についても解決が図られていることを付け加えておきます。

依存的服薬が心配な時に

減薬や卒薬が検討される対象は高齢者の多剤併用にとどまりません。市販薬依存もまた減薬により解決が求められる病気です。依存する対象が簡単に手に入る場合に依存が生じやすいともいわれます。ドラッグストアで誰でも買える市販薬は残念ながら依存の対象になり得るのです。また市販薬は医師を介さずに服薬が始まり継続できることから、適切な医療への誘導が難しいとされています。

「私は睡眠薬に依存しています。自分で偽薬を使ってこの状態から脱したいので、〇〇という睡眠薬の偽薬を作ってください」

「娘が市販の便秘薬に依存しています。苦しんでいる姿が見るに堪えず、偽薬に切り替えることで対処できるのではないかと思っているのですが、〇〇という便秘薬の偽薬はありますか」

「夫が風邪薬に依存しており、予防として大量の風邪薬を飲んでいるので健康被害が怖いです。本物とそっくりの〇〇の偽薬を売ってください」

いずれも、プラセボ製薬に寄せられた要望です。残念ながら、製造能力がなく商標権などの権利侵害も想定されるため、お応えできていません。ただこうした声から分かるのは、服薬という行為そのものに対する精神的な依存形成が、身近な医薬品で一般の方にも容易に判別できる行動を伴って起こる可能性があることです。そして、依存者自身や身近な方が偽薬を最適な解決策として想定していることも分かります。市販薬依存の問題は各種メディアでも扱われるようになってきましたが、解決策として想定される偽薬ニーズをまだまだ満たすことができていません。

睡眠薬や抗不安薬、頭痛薬、鎮痛薬、胃腸薬、便秘薬、風邪薬など本人にとって不快な状況を脱すると謳われている医薬品に対して依存的な態度が出やすい傾向が、これまでの問い合わせ内容と件数から予想されます。

想像するに、医薬品への信頼が高く効果感の低さを薬剤摂取量の少なさと解釈してしまう傾向のある方が、ポジティブフィードバックにより過量摂取と精神依存を形成してしまうのかもしれません。また特定の薬効成分が依存性を有していることの他、市販薬がもたらす安心を失うことへの不安感が依存のきっかけになり得ることが指摘されています。市販薬の薬効により得られたと本人が想定する快適な状態が、くすりなしではいられない不安感を生じさせてしまうのです。

いずれにせよ市販薬依存の問題に取り組むことは、目先の利益に反しようとも一般用医薬品メーカーの責務であると感じます。特定の市販薬の偽薬は、そのメーカーにしか製造できません。様々なメーカーから自社製品の価値を高めるものとして偽薬が販売されることを期待します。

もちろん医療用医薬品の過量摂取も、解消法が求められています。入手が比較的容易な医薬品の中でも特に睡眠薬については過量服用の対象となる方も多いため注目度も高く、日本睡眠学会による「睡眠薬の適正な使用と休薬のための診療ガイドライン」において注意喚起と同時に対処法が提案されています。睡眠薬を過量に摂取することで惹き起こされる認知機能低下や過鎮静などの副作用は、転倒リスクや夜間失禁の増加をもたらします。

この場合、睡眠薬を偽薬に切り替えることで副作用を抑えられます。過剰摂取に伴う医薬品のマイナス効果をゼロにする。ガイドラインには記載されていませんが、無効性を利用して副作用を抑えながら睡眠薬の適正使用に導く方法を提供できることは、偽薬の大きな価値だと考えています。

睡眠障害治療の目的は、「睡眠薬の永続的利用により満足のいく睡眠を得ること」ではありません。「睡眠薬の助けがない状態でも、本来の眠る力を発揮できるようにすること」です。しかし、一度睡眠薬で眠れる経験をし、ある時飲み忘れて全く眠れないような経験をすると、また不眠に逆戻りするのではないかという恐れが睡眠薬に対する精神的な依存を生み出してしまいます。「眠れない」という不安に、「くすりを飲んでいない」という不安が積み重なる。これほどスムーズな寝入りを、安眠を阻害するものはありません。

担当の医師から「それは錯覚か思い込みですよ、あなたにはすっかり眠れる力が戻りつつあります」と説得されても、今ここにある不安がどこかへ消えてなくなるわけではありません。眠れないかもしれない恐怖を追いやるには、少しの勇気でもってその恐怖に向き合ってみることが大切だとは分かっている。けれども……。

眠れない夜の冗長なダルさ、眠りたいという気持ちが生み出す焦燥感、翌朝のスッキリしない寝覚め。睡眠薬や睡眠導入剤への依存形成もやむなしと思わせるネガティブな感覚が不眠にはあります。睡眠薬を休薬する際には不眠が起こりやすく、反跳性不眠という特別な名前が与えられています。睡眠薬の休薬に特別な関心が持たれる理由と難しさの原因はここにあります。反跳性不眠の克服が、習慣的行動の大幅な変更を伴う困難な事業だからです。

反跳性不眠の原因の一つは、習慣的行動をしないことがもたらす不安です。一流スポーツ選手の多くが独自のポーズや行為をルーティン化しているように、習慣的行動にはその人特有の意味が付与されます。スポーツ選手がルーティンを禁止されたら、きっとパフォーマンスは低下してしまうでしょう。服薬行動についても「いつも飲んでいる薬を、今日飲まない理由はない」というわけで、休薬を難しくする原因となっています。

習慣と依存は紙一重。その区別は曖昧なものです。習慣的行動の大規模な変更にはストレスが伴い、時には恐怖さえ呼び起こします。習慣の変更そのものがストレスを生じるのであれば、変更の必要がある習慣は徐々に変えるしかありません。

できるだけ変えずに、変える。徐々に服用する薬剤の量を減らす漸減法なども、習慣的行動を変容させる方法の一つです。「睡眠薬を飲む」という行為から「睡眠薬を飲まない」という行為の非存在への変更がありとあらゆる意味で大規模であるのに対し、「睡眠薬を飲む」から「偽薬を飲む」への変化は、行為自体は維持される点で比較的小さいと言えるでしょう。習慣を変えずに、習慣を変える。偽薬はこのようなトンチ問題の答えになり得ます。

薬効成分の血中濃度は変わりますが、習慣的行動自体は変わらない。プラセボ効果の例を見れば、行動の変化がもたらすストレスと効果は血中薬物濃度の変化がもたらすそれと大差がないように思われます。血中薬物濃度だけでは説明できない睡眠薬の効果をプラセボ効果だと解釈すれば、薬を飲まなければ眠れないという恐怖の一端は「偽薬を飲む」行為によって解消できる可能性があります。

睡眠薬依存症における依存対象は、薬効成分と、薬を飲むという行為に分別できます。二つの依存対象を同時に失わせる恐怖が反跳性不眠を深刻化させているのだとすれば、後者を偽薬によって肩代わりすることで、反跳性不眠を乗り越える減薬の試みを楽にできるはずです。徐々に薬物量を減らし偽薬摂取量を増やした結果、偽薬服用行為依存が形成されたとしたら、それは一つの医学的達成と呼べるような気もします。

偽薬により睡眠薬休薬の成功可能性が高まることは、遡及的に睡眠薬の価値をも高めるのではないでしょうか。睡眠薬や睡眠導入剤は一度飲み始めたら、ずっと飲まなければならない。薬物依存症みたいになる。そんな恐れから、慢性的な不眠に悩みながら睡眠薬の服用をためらう場合があります。もちろん、その意思に反して飲ませようという心づもりは毛頭ありません。しかし、睡眠障害が何らかの深刻な不調を既にもたらしているのだとすれば、睡眠薬の使用は一つの選択肢として考慮されるべきです。偽薬置換法で断薬が可能かもしれないと知ったことがきっかけで睡眠薬を試してみる気になったとすれば、それも偽薬の価値と言えるでしょう。

何もせず時の経過を待たねばならない時に

「日にちぐすり」や「時(とき)ぐすり」という言葉があります。近親者が亡くなるなどの大きな悲嘆に対し、時間がくすりとなって癒しをもたらしてくれること、あるいは時間の経過によってしか癒すことのできない何かがあることを表現した言葉です。日にちぐすりや時ぐすりという詩的な表現は、偽薬の利用に関して示唆を与えてくれます。1個2個と数えて服用できる偽薬を使って、日にちの経過を数えることもできるだろうという示唆です。

偽薬で日にちを勘定する方法は、実は既に広く有効活用されている例があります。生理周期を調整する目的などで用いられる低用量ピルに付属する偽薬です。低用量ピルを継続的に服用する場合、1カ月のうち1週間程度、薬理作用のある成分を摂取しない休薬期間が設定されます。この時、休薬期間を何も摂取しないまま過ごすこともできますが、次にくすりを飲み始める日をカレンダーや手帳、スマホアプリなどで正確に管理しなければなりません。

一方、薬効成分を含むくすりと薬効成分を含まない偽薬を一つのシート包装にまとめた製品であれば、日数管理をカレンダーなどに頼る必要はありません。くすりと同じように偽薬を順次服用する期間を設定することで、実質的に薬効成分を摂取しない期間をいつも通りに過ごせます。くすりか偽薬のいずれか決められた方を、いつでも必ず服用して過ごすことは習慣の形成と維持に有効なので、服薬アドヒアランス（適切な理解に基づく積極的な服薬規定の遵守）の維持が期待できます。

偽薬による日にち勘定の価値は、低用量ピルに限らず、様々な形で有効利用できます。倫理的な問題を理由に偽薬の使用をあきらめてしまうのは、非常にもったいない。偽薬の利用についての倫理的な懸念を超えて、偽薬による日にち勘定の価値を有効利用する方法について検討してみましょう。

例えば、あなたが患者として病院に行き「〇〇のくすりです。しばらく飲んでみて、様子を見てみましょう」と処方されたくすりが偽薬であればどのように思うでしょうか。「騙された！」と思いますか。偽薬を医薬品として使用することには、倫理的な問題が生じます。どうしても「騙し」の要素が絡んでくる上、より有効だと考えられる治療を受ける機会が損なわれてしまう可能性もあるからです。

あるいは、あなたが医師として診察し、患者に対して「〇〇のくすりを処方しますので、しばらく様子を見ましょう」と言いながら偽薬の処方をカルテに記載する際には、どのような感情が生じると想像されるでしょうか。もしかすると、自然と頭の中に湧き上がる医療者の倫理についての省察で、その後の診療に身が入らなくなるかもしれません。

しかし偽薬には効かないという性質の他、日にちを勘定できることに利用価値があります。風邪だと推測される症候や生活習慣病など緊急性の高くない病状において、いきなり投薬治療を開始するのではなく偽薬を第一選択薬とし、まず数日間の休養や生活改善を試みる方法は、実効性が期待されるだけでなく実行性に優れています。医療費削減という経済的観点からも推奨され得るでしょう。偽薬は、医療上の必要をもって実施される様子見という形のない処置に形を与えるのです。この時、偽薬は効果があることを期待されません。日にちを数えつつ様子見がしたいだけなのだから、効かないことにこそ価値があります。偽薬であることを明かしてもよいのです。

もちろん不調を感じて医療機関を訪れた患者にとって、効果のない偽薬の処方は納得感のある処置とはならないかもしれません。納得感を提供する場合には、プラセボ効果の説明が為されてもよいでしょう。事前にプラセボであることを告げて服用させても、一定の治療効果を上げることが報告されています。論文としてまとめられた報告は、事実として説明できます。あるいは複素効理論を応用して何らかの意味あるものとして説明することが納得感につながるかもしれません。様子見ぐすりとしての偽薬の処方には解決すべき問題があり、直ちにプラセボを医薬品として使用することを推奨するわけではありませんが、そのような試みがあっても良いはずです。

人間が得意なことはたくさんあります。長距離走や木登りの能力は動物の中でも優れています。抽象的思考や環境を改変する能力に至っては、他の生物の追随を許しません。しかし、残念なことに、あまり得意でないことがあります。それは、「何もしないこと」です。人間は何かしないではいられない生物です。

例えば、医療の専門家から見れば自然経過により治癒が見込まれる軽微な症状に対し、その診断に本人や保護者が納得できない場合があります。自然治癒とは、極論、何もしないことを意味するからです。「何もしないこと」をするという、さながら哲学的な命題は、私たちが依拠する言語システムがエラーを発するありがちな事例です。かつてこの命題は、神と悪魔の対立を象徴しました。全知全能の神は、すべてのことを「する」ことができました。神ができないことは、ただ「しない」ことだけです。したがって、「しない」ことをするのは悪魔の所業だと考えられたのです。

偽薬には「しない」を「する」に転換しつつ、実質的な意味をほとんど変えないという神がかり的な効果があります。これまでに見てきた低用量ピルの休薬期間表示や、医療上の必要をもって為される様子見という用法についても、ただただ日数を勘定するだけでなく、効かないという特別な性質によって無形の処置を有形の行為に変える効果を利用しています。

ここまで、介護や医療における偽薬の応用法を提案してきました。偽薬が効かないという特徴を肯定的に利用するのは、プラセボ効果を利用する発想とは根本的に異なります。効かない偽薬をゼロのアナロジーで捉える発想は、今後さらなる用途開発につながるかもしれません。

薬の飲みたがりには偽薬による対応を検討してみましょう。緊急性が低い慢性病や生活習慣病は、様子見を指示しながら生活改善を促すことで、投薬による治療そのものを見直すこともできるのではないでしょうか。

また減薬や卒薬の試みは、病との取り組み方をも改めさせてくれるでしょう。自分の健康に最終的に責任を持つことができるのは、自分自身をおいて他にありません。卒薬の試みとは、自己の責任の下に健康を取り戻す過程であると定義付けできます。健康が自分という存在に対する信頼の度合いを意味するのであれば、治療に主体的に関わり主導権を握ることが健康へ近づく大きな一歩となるはずです。

第6章　プラセボ製薬創業譚

プラセボ製薬という名前には、矛盾した響きがあります。しかし、矛盾とその肯定的解消はある種の感動を伴い多くの人に受け入れられる。そのような状況を、ＳＮＳなどを通じて見つめてきました。

それは、僕が経験した感動を録画再生したものと言えるかもしれません。プラセボ製薬株式会社を設立したのは２０１４年のことです。きっかけは、前職の製薬企業における新製品開発プロジェクトでした。

企画

日本の製薬企業を主力製品の種類で分類すると、大きく分けて三つのグループがあります。一つ目は、創薬研究に積極投資して新薬と呼ばれる医療用医薬品を開発・販売する新薬メーカー。二つ目は、特許期限の切れた医療用医薬品をジェネリック医薬品として開発・販売するジェネリック医薬品メーカー。そして三つめは、主にドラッグストアなどで購入できる医薬品を開発・販売する一般用医薬品メーカーです。一般用医薬品メーカーは新薬メーカーと比較すると企業規模が小さいのですが、テレビやラジオ、新聞、インターネットなど各種メディアに広告を出稿して認知度が高かったり、社歴が長く昔から製品が非常に信頼されていたりするメーカーもあります。

僕が研究開発部門の一社員として勤めていたのも、そうした歴史ある一般用医薬品メーカーの一つでした。製品の一部は医療用医薬品としての取り扱いもあるため、医師や薬剤師からも高い信頼を得ていました。ただし歴史ある企業の常として、企画力にいささかの問題を抱えているように感じました。

また一社員の所感として、経営層では売上高構成における単一製品依存度が高過ぎるという課題が共有されているように窺われました。要するに、一本足打法では心もとないよね、というわけです。僕が入社する以前からずっと、新製品開発部隊のミッションはこの課題を克服すること、すなわち、売り上げのもう一本の柱となる製品を開発することでした。

そして当時、会社は社歴上の大きな節目を迎えようとしていました。大きな花火を打ち上げるにはおあつらえ向きのタイミングです。当然、研究開発部門に期待が寄せられました。当部門も、これまでの数年間、いやもしかすると十数年か数十年を無為に過ごしてきたわけではありません。数多の試行錯誤がありました。それでも売り上げの柱となる新製品を生み出せなかったのです。やや長い停滞期を経て、部員の士気は低下気味。しかし、この大きな節目から目を背けることはできません。節目を期日として売り上げの柱となる新製品を発売するという明確な目標を掲げたプロジェクトが始動します。

経営トップ自ら発破をかけると、新製品開発プロジェクトは定例企画会議の開催を決定。中間管理職は入社以来の鬱憤を晴らすかのように発奮します。いつしか「いつやるの？今でしょ！」が合言葉となり、プロジェクトメンバーは革新的なアイデアを求めて情報収集に奔走。一旦は見過ごされた顧客アンケートの自由回答欄を拾い上げたことがきっかけとなり、現主力製品が満たせていないニーズを発見します。このニーズを満たす成分配合を立案・検証し、納得のいく製品が生み出されて……という当初思い描かれたストーリーは実現しませんでした。

ちなみに、一般用医薬品メーカーにおける新製品企画の主な仕事は、日本薬局方に収載された医薬品のうち製品コンセプトに沿った薬効成分を選定し配合を検討することです。日本薬局方とは厚生労働大臣が定める医薬品の規格基準書で、医薬品原料メーカーから調達できる薬効成分のカタログとしても利用できます。基本的には革新的なアイデアを求める仕事ではありません。新薬メーカーのような創薬研究を行うことはほとんどなく、既存のカタログから適宜ピックアップするという作業は、必然、他社製品との差別化を難しくします。

　また会社では、新製品投入による自社主力製品の売り上げ低下リスクを「カニバリ」（共食いを意味する「カニバリゼーション」の略）と呼んで忌避していました。必然的に企画として挙げられる内容は、自社独自成分に何らかの薬効成分を加えて薬効被りを回避する製品案です。顧客目線の軽視を常々戒めていたにもかかわらず、会社側の論理が優先されていると感じました。主力製品の顧客アンケートを参照することで、ニーズ主導の製品開発だと思い込もうとしていたのかもしれません。

　さて、自社独自成分に他の薬効成分を加えて新製品とする発想は新製品開発プロジェクトを包み込み、いくつかの企画案を生み出します。しかし、いずれも経営トップの納得を得られませんでした。何も決まらないまま繰り返される企画会議。新たに導入される少人数制の企画会議準備会議。売り上げの新たな柱を構築し会社の節目を盛り上げるという執念は、進展のないプロジェクトの中でも「周年記念製品がもうすぐ現れるのだ、だって周年の期日は待ってくれないのだから」という無根拠な希望を生み出し、妙な熱を帯び出していました。

　こうした状況の中、考えてみました。どうして経営トップは企画案をどれも受け入れなかったのかと。意識的にせよ無意識的にせよ、期日が迫る中で勇気をもって拒否するには理由があるはずだ。納得しない理由は何か。

考えた末に出した答えは「独自成分に別の薬効成分Xを加え、良いもの足す良いものはより良いものだ、とする主張の構造が心に響かなかったのだろう」です。要するに、成分Xが何であれ、足し算の発想が気に食わないのだろうと推測しました。足し算ではダメ。ならば、引き算をしてみようと主力製品から独自成分を抜き取ったそれを頭の中に思い浮かべた瞬間、少し驚きました。頭の中のそれが、偽薬そのものだったからです。

商品としての偽薬。とても魅惑的な響きです。

起業

製薬会社が偽薬を商品にするというアイデアは、さらにまた、新たなアイデアと大きな驚きをもたらしました。「プラセボ製薬株式会社」という会社名です。プラセボ販売事業を行う会社の商号としてこれ以上のものはなく、これ以外のものもないのではないかと思えるベストマッチ。「プラセボ」と「製薬」という出会うはずのなかった、いやずっと昔に出会っていながらお互いを意識し過ぎて態度がぎこちなくなってしまった両者が、プラセボ販売事業を介して価値を認め合い、相性を再確認し、共に未来を築く決意をする。そんな擬人化で説明したいと思える位には、このアイデアに興奮を覚えました。

「プラセボ製薬株式会社」。繰り返し口にしてみる。「ぷらせぼせーやくかぶしきがいしゃ」。リズムをとると「たたたたたーたた、たたたたたーた」。このリズムには、人を鼓舞する響きがあります。「たたたたたーたた、たたたたたーた」。他者から出資を受け上場を目指すから株式会社なのではなく、ただその響きにときめいたから。「たたたたたーたた、たたたたたーた。たたたたたーたた、たたたたたーた！」。このアイデアを持って起業せよ、そんな風にそそのかされているように感じました。ただの思い込みだったかもしれません。

会社名が決まってしまいました。製品コンセプトも「誰でも買える本物の偽薬」で決まりでしょう。しかし、プラセボ販売事業のアイデアは、新製品開発プロジェクトの一環として発案したものでした。企画会議は単調な音楽に乗って踊り続けています。名うてのディスクジョッキーなら、曲をガラッと変えて客に新たなグルーブを提供する場面です。

ＤＪ気分でアイデアのレコードを投入してみました。偽薬は有用だ。売り上げの柱にはならないかもしれないけれど、売り上げの柱と同程度に医療費を低減できる可能性がある。

このことは、企業としての価値を向上させる可能性を秘めている。そんな曲でした。ガラリと変わる曲調に戸惑う客は選曲への違和感を表明し、足を止め、プレイスタイルに異議を唱えます。分かってない。何一つ、分かっちゃいない。実際にそのような言葉を耳にしたわけではありませんが、そんな風に言われた気もしてレコードは元通りに。再び単調な音楽に乗って踊り出す会議。進まないプロジェクト。DJ気取りの平社員にできることは、もうありません。空気を変えられなかった自らの非力さを棚に上げげつつ、心の中で小さくガッツポーズしながら、起業準備を進めようと思いました。退職するまでに、それほど時間は必要ありませんでした。

起業にあたって綿密な競業調査は行ったか？　否。市場規模は？　不明。それでも、インターネット上の質問掲示板には「プラセボは薬局で買えますか」という問いに対し「プラセボは小麦粉や砂糖ですよ」という食い違った回答が寄せられているのだから、ニーズはあるのに満たされていないと踏みました。それに何より、当時でも既に医療費の高騰が国家財政を揺るがす可能性が指摘され、医療費削減が喫緊の課題となっている中、偽薬の有効活用はそれに資するものと思われたのです。

起業することの最も大きなハードルは、起業すると決心することです。決心してしまえば、後は法的に定められた手続きを順繰りに踏めばよいだけです。株式会社設立の手引きとなる参考書を購入し、参考書を文字通り参考にしながら定款やその他の書類を作成し、電子認証の手続きを行い、登記する。この極めて定型的な手続きにより、簡単お手軽にプラセボ製薬株式会社は設立できてしまいました。会社の設立がこれほど簡潔な理由は、法人たる会社が実体を持たない虚構だからです。同様に、実体のない情報の塊であるウェブサイトもすぐさま準備できました。

でも、プラセボ製薬が販売すべきプラセボすなわち偽薬は虚構ではありません。製品コンセプトである「誰でも買える本物の偽薬」を形にしなければ、ただのジョークで終わってしまいます。実体を伴う本物の偽薬を製造しなければならないのです。

医薬品の製造方法は大学の授業で学ぶことができます。僕も薬学部で医薬品製造過程の詳細を伝える授業を受講しました。また前職では新入社員が入社後研修として数カ月ほど製造現場に配置されます。授業で学んだ内容が目の前で実践される様を見て、改めて学ぶことができます。

いや、学んでいる場合ではありません。そこは製造現場です。もちろん主戦力にはなり得ませんが、工程を理解し、作業を手伝います。現場で働く先輩方は無駄のない動きで着々と作業をこなしていきます。突然現場に放り込まれた新人は、言われたことをやるのが精一杯。1日あたり数百万錠を生産する現場には、生産性向上の意識が浸透しているのだなと改めて実感します。歴史も知名度も伊達じゃないなと。

この研修は貴重な経験となり、一つの教訓を得ることができました。大学で学ぶ医薬品製造過程も製薬企業で実施されている医薬品製造も、大量生産と効率化を前提としているのだ、ということです。新興企業がいきなり工場を建設するわけにはいきません。偽薬の製造を委託する企業を探す必要があります。

ファブレス企業

半導体業界において知識集約型産業である企画・設計と、資本集約型産業である製造を別の会社が担う分業化が進展したように、製薬業界においても研究開発と製造は分業化が進展していると言われます。

プラセボ製薬もまた、製造能力を有さないファブレス企業の一つです。偽薬は医薬品ではなく食品であり、主成分は甘味料の一種なのでお菓子みたいなものだから「プラセボ製薬」と称するのが妥当なんですと冗談を言うこともありますが、実のところ製造は一切行っていないので「プラセボ菓子販売」くらいが実質を表す名前であろうかと思います。ただ、やはり「プラセボ製薬」と称した方が響きは良いという、ある意味ではプラセボ効果を期待した会社名を名乗っています。

さて、工場を持たないファブレス企業が自社開発製品を販売するにあたり製造を委託しなければなりません。偽薬は菓子みたいなものなので、健康食品として製造を依頼できそうです。既に活況を呈していた健康食品業界には、受託製造を専門とする会社がたくさん存在していました。

ウェブサイトを比較検討しつつ健康食品ＯＥＭメーカー３社へ依頼し、２社からは偽薬製造を断られましたが、１社から快く受け入れていただき製品化することができました。偽薬が偽造薬として悪用される可能性もあり、受託に慎重になるのもうなずけます。３社中の１社に引き受けていただけたという結果は幸運だったように思います。なお、後に当該メーカーの工場見学をさせていただきましたが、前職の工場研修で触れた医薬品製造の厳しい管理基準に近い形で運用される健康食品の製造現場に驚かされました。

事業開始後、プラセボ製薬の知名度が上がるにつれてオーダーメイドの偽薬を作ってほしいという依頼をいただく機会が増えました。オーダーメイド偽薬の要望に応じることは、今後の事業展開を構想する上で重要な検討課題です。しかし、すべてを製造委託している現状では、製造に関する要望に応じることができません。お応えできる環境が整いましたら、会社より公表させていただきます。

まずは介護業界

偽薬が製造できたなら、次はそれを商品として購入してくれる人を求めなければなりません。偽薬を求める人は、介護分野に存在する。そうした推測は実のところ、介護業界の方であれば既知の事実でした。知られているだけでなく、実践的な対処までなされていたようです。

強引にくすりを求める介護サービス利用者に対し、粉薬として乳糖を提供する。あるいはミントを含むタブレット菓子（錠菓）を錠剤に見立てて服用してもらう。さらには、医療関係者から家族介護者へ「くすりの飲みたがりには乳酸菌製剤を与えればよい」とアドバイスがなされることもあります。偽薬であることを謳う商品は手に入らなくとも、別のものを偽薬に見立てて利用することは普通に行われていたようです。様々な業界の内部事情をうかがい知ることができる現代のＳＮＳ環境から、「乳糖　患者」などの検索キーワードでこうした事例を容易に収集できます。

偽薬的なものは既に存在し実際に使われている状況でも、プラセボ製薬が介護業界への売り込みを企図する理由は主に四つあります。

第一に、介護用途であれば偽薬の価値を一般の方にも理解していただけることです。偽薬の積極活用には倫理的な問題があります。いくら言い繕ったところで、嘘や騙しの匂いを消し去ることはできません。しかし、薬を飲んだことを忘れ何度も薬を求めてこられる認知症の方には偽薬を服用させ納得してもらうという利用法は、実際に認知症介護を経験していなくとも簡単にイメージできるはずです。医薬品の過量摂取がもたらす副作用の害を避けつつ、薬を飲みたいという気持ちに寄り添い安心感を得てもらうというケアの方法には、既に実践例も多数あることから広く推奨されてよい納得感があります。

第二に、既に潜在的に偽薬的価値のある商品があるにもかかわらず明示的な偽薬を介護用に販売する理由は、職業として介護をされている方の情報が必ずしも家族介護者に伝わらない現状があることです。年代を問わず多くの方が１人１台のスマホを有するようになりインターネットが基礎的な情報インフラとして確立された現代でも、いやむしろ情報が溢れる現代において、必要な情報との偶然の出合いは難しくなってしまったのかもしれません。何かに価値を見出した人や組織が、それを必要とする誰かの元へ、コストをかけ意志をもって届けなければ届かない類の情報があります。

くすりの飲みたがりには、偽薬で対処すればよい。この価値ある情報もまた、必要な誰かへ届けるにはコストがかかります。乳糖屋さんがそれを行うでしょうか。ミント・タブレット屋さんや乳酸菌製剤屋さんが、偽薬的利用法を積極的に広告するでしょうか。あまり期待できそうにありません。ならば、偽薬屋さんはどうでしょうか。偽薬に関する情報の伝達コストを負担し、偽薬の販売から得る利益を享受する。そうした継続可能な事業としての仕組みを、偽薬屋さんたるプラセボ製薬には構築できる可能性が大いにあります。

第三の理由は、家族介護者にとって商品としての偽薬の存在そのものが偽薬の利用を肯定的に捉えるきっかけになることです。偽薬的利用が可能な商品は偽薬ではありません。偽薬でないものを偽薬として使うには、まず何を使うのか、またどのように使うのか、そして本当に使ってよいのかを決定しなければならず、意思決定のハードルが多いのです。すべてのハードルを越えられなかった場合、偽薬として使わないという決定は否定的な印象と共に記憶されてしまいます。

すべての意思決定にはストレスが伴います。常にストレスにさらされる介護者に多くの意思決定を迫るのは得策ではありません。偽薬として使える本物の偽薬の存在は、意思決定のストレスを減じる価値があります。何を偽薬として使えばよいのかを悩む必要はなく、本物の偽薬を使えばよいからです。また副次的な価値として、顧客が発信する商品の情報が集積されやすくなり意思決定の数だけでなく高さをも減じることが挙げられます。みんなが良いと言っているものは、自分にとっても良いものである可能性が高いだろうと判断できるためです。

そして第四の理由は、実際に利用して偽薬を好意的に捉えるようになった方が増えると、他業界での利用を波及的に促進する可能性があるためです。インターネット上で偽薬に関するアンケートを取った際、介護用途であっても偽薬の利用に否定的な方が半数以上を占めました。主な理由は、偽薬が何であるか分からないことです。偽薬という言葉に初めて触れた方が偽薬に対して抱くイメージはあまり良くありません。偽という漢字には、よく分からないけれどそれを避けようと思わせるいかがわしさがあります。

名前は大切です。コーヒーに混ぜる植物性油脂食品を「偽ミルク」の名称で販売しても売り上げを伸ばすことはできません。やはり「コーヒークリーム」や「コーヒーフレッシュ」などの名称が売り上げ向上のためには必要です。同様に、偽薬に関する情報発信にも偽薬の名称を用いず、何らかの言い換えが必要に思われます。

また他者の権利を侵害する偽造薬の問題がニュースになることもあり、偽造薬につられて偽薬のイメージが損なわれている可能性があります。第一印象に問題のある偽薬をより広く一般に用いるには、イメージの向上が欠かせません。イメージ向上に最も貢献するのは、偽薬による価値提供や偽薬による問題解決の情報です。

したがって、偽薬のイメージ向上には偽薬を用いて何らかの問題を解決できた当事者の存在が必要不可欠です。介護業界においては認知症高齢者などの増加に伴い、そうした偽薬利用当事者となり得る方が急速に増えています。偽薬に価値を感じた方が増えた時、例えば介護だけでなく医療分野においても偽薬の利用が検討された場合には、こうした方が積極的に賛同してくれるのではないかと考えています。

そして医療業界へ

かつて介護は家族内の関心事でした。介護サービスを提供する事業者がほとんどなかったので、家族内で対処するしかなかったからです。しかし超高齢社会に向かう日本は介護を国民的関心事として取り扱い、社会保険の範疇に介護保険を含める財政措置を行って介護サービスを公的にサポートしました。こうして一旦は家庭外へのアウトソースが目指された介護事業は、様々な運用上の問題に直面した結果、在宅介護へと再び舵を切りました。地域包括ケアシステムの提唱です。介護業界においては、意思決定者としての家族の重要性が増すだろうと予想されます。

介護において意思決定のキーパーソンが家族であることは、偽薬の利用可否を検討し決定するのが家族になることを意味します。くすりの飲みたがりなどの困り事を解決したいという純粋な気持ちを持つ人に対し、偽薬によって困り事が解消する可能性が示された時、とりあえず使ってみようと意思決定を行うことができます。つまるところ偽薬は、ただの食品だからです。偽薬を服用してもらうことと、おすすめのお菓子をおいしいよと言って勧めること、両者に本質的な差はありません。

しかし反対に、ただの食品であることが利用をためらわせる業界があります。それは、医療業界です。医療業界では根拠に基づく医療という考えが浸透し、医療従事者であれば偽薬を用いた臨床試験の方法や必要性を理解しています。また説明と同意によって、患者主体の治療が施されるよう取り計らうことも広く浸透しています。現代の医療は偽薬をあからさまに利用することなく成立しています。

ただ同時に、医療者はプラセボ効果の存在についても理解し、実感してもいるのではないでしょうか。医療者がプラセボ効果の有用性を実感しているにもかかわらず、それをあからさまに利用することがないのは、偽薬が医薬品ではなく、また倫理的でもないためです。

偽薬が医薬品ではないことは、定義の問題です。医師法は、医師が投薬治療を選択した場合に処方箋の発行を要請しますが、暗示的効果を期待する場合には例外として処方箋を発行しなくてもよいとしています。暗示的効果を期待する場合には処方箋を発行せずとも偽薬を、具体的には乳糖やビタミン剤を本来の用途でなくとも投薬してよいと解釈できるのではないかと思われます。

しかし、この法律も偽薬が何であるかは定義していません。医薬品医療機器等法においても医薬品が何であるかは定義しますが、偽薬が何であるかは定義しません。口に含み噛んだり飲み下したりして利用するもので医薬品でないものは、食品です。偽薬は医薬品でないため、保険診療であからさまには利用できないのが現状です。

一方、倫理的でないことを理由に偽薬を利用できないと判断する状況には変化が起こっています。偽薬であることを患者に明示して偽薬を服用してもらうという臨床試験が実施され、偽薬であることを認識していても治療効果が認められたと報告されているためです。

医療現場で偽薬を利用する上での倫理的な問題は、患者に黙って、もしくは効果があると騙して効果のない偽薬を服用させなければならないことでした。騙すことの倫理的問題すらもプロフェッショナルの責任であると引き受け、患者の利益のためには患者を騙すことも厭わないという父権主義的な医師が前時代的と評価されがちなことも下地にあるかもしれません。

しかし、偽薬であると正直に伝えると偽薬の価値は失われるという考え方が誤りであるなら、倫理的な問題で偽薬の利用をあきらめる必要はありません。むしろ積極的に推進する立場があってよく、実際に海外ではプラセボ効果を有効活用するための研究所が立ち上がり、国際的な研究会が催されるなど、医療応用に向けた研究が進展しています。

医療現場において偽薬の利用可否を判断するのは患者自身と医療者の仕事です。意思決定者としての責任は、医療者にも課せられるでしょう。その時、医療者が責任を負うことになろうとも、医薬品の処方を決定するのと同程度かそれ以下のリスクを見込んで偽薬を利用できる環境を構築したい。そんな風に考えています。

複素効理論という虚構的解釈を提案するのも、偽薬利用にとって望ましい環境を構築するという目的を達成するためです。偽薬とプラセボ効果はこれまで、様々な定義や様々な解釈が為されてきました。やや込み入った状況にあり、直感的な理解が難しくなっていることは間違いありません。

しかし、偽薬の服用を勧められた患者が自身を納得させるためにはストーリーが必要です。そして、薬そのものに薬効があるのだとする考えが受け入れやすいように、偽薬そのものにプラセボ効果があるのだとする考えが多くの人にとっては受け入れやすいと考えます。偽薬がゼロではなく、虚数という側面から見れば何らかの効力を有するという考えこそが人を納得させるように思われます。たとえそれが虚構でも。あるいは、虚構だからこそ。

現状とこれから

　起業後数年が経過し、各種メディアでの紹介もあり認知度の向上を実感するようになりました。インターネットは様々な人の意見を可視化してくれます。脳は見たいものを見る傾向があるためバイアスのかかった印象であることを免れませんが、おおむね好意的に捉えられているのではないかと感じています。中には自分も同じようなことを考えていたと教えてくれる方もおられます。しかしその方には既に立場があり、実現に向けた取り組みを行うことすらできなかった。だから、プラセボ製薬を応援したいのだとお伝えいただきました。ありがとうございます。

　本章で語られた創業譚は、職歴が浅いため職場内で立場について考慮する必要がほとんどなく、空気を読まない人間による思い付きが上手に開花し、社会に広く受け入れられた一例だと思われたかもしれません。

　しかし、本書執筆時点でプラセボ製薬の事業は一度も軌道に乗っていません。そもそも市場が限定的なのか、偽薬で解決しようとする問題が既に代替品により解決しているのか、必要とする人に情報が届いていないのか、印象とは異なり偽薬に対する好感度が低いのか、あるいは売り上げが虚数で計上されており観測できていないのか、原因は特定できていません。創業後数年で廃業に追い込まれた多くの新興企業がその理由に挙げるのは、需要がなく想定していた売り上げが立たないことです。そうだよね、と自身の経験を顧みて首肯せざるを得ません。

売り上げは想定以下ながら、既に多様な購入者層が見受けられます。介護をしていらっしゃるご家族、介護事業者、医療機関、教育機関、美術装飾制作会社、その他の事業会社。利用用途をすべて把握しているわけではありませんので、思いがけない革新的な利用法を実践している方がいらっしゃるかもしれません。プラセボ製薬はマーケティングの一環として偽薬の利用法を具体的に提案しますが、実際の用途や用法は購入者の自由です。インターネット等を通じて独自の利用法を教えていただけたら嬉しく思います。

また継続的にご購入いただいている方も多数おられます。こうした方々との関係を維持しつつ、新たな顧客へ価値を提供していくことを今後も進めていきたいと思います。現代の日本において介護や医療の問題は、単にそれぞれの分野だけの問題ではなくなっています。偽薬がどこまで広く受け入れられるかは、日本の将来とも関わるのだと意識しながら。

偽薬の総合商社を目指す取り組みは、緒に就いたばかりです。

第7章　プラセボ効果の総合的解釈

第3章では「プラセボ効果」という言葉が実際にどのような使われ方をしているかを観察し、説明不可能性を否定して説明に論理的な整合性を与える説明原理としての用法を確認しました。そして、虚数という数学の概念を借りて説明不可能な事柄を創造的に説明する複素効理論を提唱しました。これは、個別的な事例である「プラセボ効果」から、一般的な法則を見出そうとする帰納的な試みです。

第3章では紹介しませんでしたが、プラセボ効果という現象を科学的に説明する新たな試みに、脳をベイジアンネットワークと捉えるモデルがあります。ベイジアンネットワークとは、確率的要素を含む因果関係推論モデルです。脳をそのように捉える試みは科学的に共有されており、プラセボ効果は、脳の確率的推論と知覚認識の齟齬が惹き起こす現象として説明可能ではないかと考えられています。これは別の表現をすれば、思い込みとはどのような現象かを、やはり帰納的推論に基づき科学的に説明しようとするものです。

本章では逆に、一般的な前提から、より個別的な結論を得る演繹的推論に基づいてプラセボ効果を改めて解釈し、複素効理論の数理的な表現の可能性を探ります。

公理主義

あらかじめお断りしておくと、本章の内容はやや難解に感じられるかもしれません。演繹的な推論は、日常的な考え方とは異なり、数学や物理などの教科書の記載に近い説明の方法を採用するためです。演繹的推論では、まず用語を定義して公式を提示します。そして公式から定理を導き、定理を個別の問題に適用して解答します。ただし、難しい計算は必要ありません。やや難解な内容でも理解しやすいよう、身近な具体例を示しながら順に説明を進めます。

演繹的な考え方で様々な説明や評価が可能だとする主張は、公理主義と呼ばれます。公理とは、論理体系の前提となる最も基本的な仮定です。ゲームにおけるルールや、フィクション作品における設定も公理の言い換えと捉えられます。公理は特に数学の分野で深く研究されていますし、他分野へも応用されています。

公理主義では、あらゆる論理体系を限られた数の公理で構成できる、と考えます。科学や宗教といった論理体系も、限られた数の公理で構成され、公理に基づいて運用される営みとして捉えることが可能です。

論理体系を構成する一連の公理の集まりを公理系と呼ぶのが一般的です。ただし本書では、公理というルールに基づいて運用される営みの総体を公理系と呼ぶことにします。現実世界には、公理系と見做せる様々な営みが存在しています。奇妙に感じられるかもしれませんが、公理を意識せずとも公理系が成立している例は珍しくありません。公理が言語化され、明示されている公理系は、数学やゲームなどに限られています。

第3章において七ならべの例でジョーカーを用いて説明した通り、ゲームのルールを知らないプレイヤーにとって、ルールは創造的に見出すしかありません。現実世界に存在する多様な公理系がどのような公理に基づき運用されているか検討するにあたり、創造的に見出した公理の正当性を担保することは難しいものです。公理の運用から矛盾を見出すしかありません。

以下の説明では公理をルールや決まり事、前提、仮定などとし、公理系を論理体系や価値体系、ゲーム、モデルなどとしていますが、使い分けに特段の意味はありません。一つひとつきっちり用語を定義して議論を進めるよりは、雑然とした運用の営みの方が公理系として現実的なあり方だと考えるためです。

ここまで抽象的過ぎて何のことやら意味が分からなかったと思うので、公理系の具体的なイメージとして、公理が明示されている囲碁というゲームを考えてみましょう。

囲碁という公理系

さて、囲碁はどのような公理系でしょうか。囲碁にはルールがあります。縦横に交差する線が描かれた盤を使い、白黒の石を使い、二者が参加し、交互に石を盤上の線の交差点に置き、自分の石で囲んだ領域の大きさで勝敗を競い、といったルールです。囲碁というゲームの主要な要素は、囲碁のルールの総体として語ることができそうです。また、ルールを語る上で碁盤や碁石といった用語の定義も必要です。定義された用語の総体としての語彙は、ゲームの一部を成す重要な要素です。

ただ、囲碁について語るには、ルールや語彙だけでは不足です。ルールが運用された場合にどのような営みが生じるのか、というのもゲームの重要な要素です。二者が交互にしか石を打てないルールがどのような状況を生み出すのか、当のルールから想定することは難しいものです。実際に運用してみて、初めて分かることがたくさんあります。

例えば、勝負に勝つという目的を設定すると、部分的には石の打ち方に適切な順序のあることが分かります。適切な順序はある程度固められ、定石と呼ばれる手順になります。定石はルールで規定されたものではありません。運用するうちに、新たに創造的に見出された知見です。個々の知見は新たな用語として定義され、語彙の一部となることもあります。

さらに囲碁として実践される営みを見れば、単純なルールから複雑な対局内容が生み出されると分かります。優れたゲームの特性の一つは、少数の単純なルールから、極めて複雑な状況を生み出し得ることです。

また囲碁には、盤外に価値を生み出す側面もあります。囲碁を運用する人間に、楽しい、嬉しい、悔しいなどの感情的価値を提供します。また、社会的価値や経済的価値をも生み出します。他にどのような価値を生み出し得るのかは分かりませんが、囲碁は非常に複雑なので、人生で最も大切な価値さえ提供してくれるかもしれません。

さて、囲碁は公理系の一例です。囲碁と同じように、他の公理系にもルールとしての公理があり、語彙があります。公理を運用する営みがあります。営みの結果、囲碁における定石のように導き出される新たな知見があります。感情的な価値も提供してくれます。囲碁や将棋やチェスなどのボードゲームはもちろん、野球やサッカーなどのスポーツも、ルールと語彙、さらにルールを運用する営みによって特徴を言い表すことができます。囲碁だけでなく将棋や野球やサッカーもまた公理系の一例です。

ところで、囲碁は将棋と似ているでしょうか。少なくとも、囲碁はサッカーより将棋に似ているとは言えそうです。何が似ているのかと言えば、ルールです。参加者を二者に限るなど、複数の同じルールを採用しています。ゲームの類似度が共通するルールから指摘できるように、公理系の類似についても共通する公理として指摘できます。

また囲碁では、置き碁と呼ばれるハンデキャップを設定することがあります。この新たなルールは、基礎的な囲碁のルールからは導き出されないものです。置き碁は、囲碁という ゲームを営む上で、ハンデを設定するという目的をもって新たに創造的に設定されたルールです。囲碁は、ゲームバランスを操作した新たなゲームも生み出し得るのです。

こうした特徴もまた、公理系の特徴として表現できます。公理系は、これまでになかった公理を採用し、新たな公理系として構成できます。この新たな公理系は、元となった公理系の公理をすべて含むため、元の公理系と似通っています。しかし新たな公理系の特徴は、運用する営みという側面を考慮すれば元の公理系と全く異なっていたり、営みの結果として全く異なる知見を生み出したりする可能性があります。

生物の身体と世界認識モデル

公理系として理解すべき例は、ルールが明示されている囲碁のようなゲームに限りません。プラセボ効果を深く理解するという目的から、少数の単純なルールとその運用の総体である公理系の例として挙げなければならないのは、生物の身体と生物種固有の世界認識モデルです。

生物は、現実世界を解釈するための公理系を自分の身体として構成しています。また機嫌良く生きるために、自分の外にある複雑な現実世界を、インターフェースとしての身体を通じて捉えることにより公理系としてモデル化しています。その世界モデルは、当の生物にとってリアルな世界そのものとして認識されます。

自分の身体という公理系と、身体を通じて捉えた世界モデルの公理系。二つの公理系を使って行われる行為は、生きることそのものです。生物という公理系は、自身の世界モデルを生きるプレイヤーです。これは囲碁棋士が囲碁の対局に臨むことと同じ関係です。

生物は、現実世界が複雑過ぎてよく分からないので、必要不可欠な少数のルールのみで単純化した世界モデルを舞台として遊ぶことになります。自身を構成するルールが、世界モデルという舞台に適していれば、楽しく遊び続けることが可能です。

公理系として少数の単純なルールで構成された世界モデルという舞台は、単純化したとは言え、それでも十分に複雑で豊かな体系であり、生物の個体が一生涯という時間の単位で遊び尽くすことなどできません。

生物自身も世界モデルも公理系なので、いずれもルールとしての公理があります。ただし囲碁の場合と異なり、ルールは明文化されていません。したがってルールを探求する営みも遊びとして成立します。公理という言葉で言えば、公理系のあり方から公理を探求する営みです。

生物は、生存や生殖といった目的のため、世界モデルのルール探求を各自の生涯で実践しています。またヒトは、生存や生殖の必要以上に探求の営みを実践し、それを学問と称しています。世界モデルの公理は、数学、物理学、化学、生物学、社会学などとして広く探求されています。さらに、一般の生物は自分自身がどのような公理で構成されているかについて無頓着ですが、ヒトはヒト自身の生物としての公理をも生物学や社会学などの対象としています。

なお、生物を縛る基礎的なルールを研究する学問分野は化学です。化学は物理学のルールに縛られます。したがって生物は、自らの公理系に、暗黙のうちに物理学と化学の公理を取り込んでいます。

生物学において特筆すべきは進化論です。進化論は、生物が自らの身体として構成するルールとその変化が一つの体系としてまとめられると主張します。つまり、化学と物理学のルールにさえ従えば、生物が新たなルールを設定して、身体の形態を変化させたり新たな機能を導入したりすることができるし、これまでそうしてきたと主張しています。

進化は、様々な形態と機能を持つ生物を生み出しました。生物種という分類単位は、およそ生物という公理系の分類と合致します。生物の分類は、当の生物そのものではなく、単純なルールの集合として記述できます。分子生物学が見出したのは、生物の身体という公理系の単純なルールが、ＤＮＡという化学物質の連なりで記述されているという知見です。

世界の大部分は認識すらされていない

さて、生物は身体を通じて世界モデルを構成することで、現実世界をうまく解釈しています。解釈するためにモデルが必要な理由は、現実世界があまりにも複雑過ぎるためです。生物は機嫌良く生きるため、価値についての公理を身体に採用し、無価値な情報は認識すらしません。少数の単純な公理により、生存に必要十分な価値体系としての公理系を自らの身体として構築し、身体を通じて単純化した世界モデルで遊ぶことにしたのです。

例えばヒトは、現実世界に満ち満ちている様々な波長の電磁波のうち、「可視光線」と呼ばれる特定波長の電磁波だけを特別扱いして現実世界を解釈しています。可視光線で映される像は、極めて自然に、ご機嫌に生きていくのに十分な形で、現実世界をリアルに表現しているように感じます。この時、不可視領域にある電磁波は認識されていません。その存在を認識さえしないため、身体として自ら構成した「特定波長の電磁波だけを認識する」というルールを適用して複雑な現実世界を単純化している事実に気づくことも困難です。

ヒトとしての基礎的で本能的な現実世界の解釈方法は、公理の総体として身体そのものを構成します。ヒューマン・ユニバーサルと呼ばれる、ヒトが身体として運用している公理系を、ヒト自身は意識しません。我が世界モデルこそ、現実世界のすべて。そう思い込んでも問題ないように、というよりむしろ、そう思い込めるような形に世界モデルは出来上がっています。ダンゴムシにはダンゴムシの、タコにはタコの、コウモリにはコウモリの現実世界を解釈する方法があり、それぞれを公理系として抽象化・言語化できるはずです。しかしダンゴムシやタコやコウモリは、世界モデルが生物種固有のルールに制限されていることに無自覚でしょう。

言語という公理系

生物固有の公理系は、ハードウェアとして実装された機能と言い換えることができます。遺伝子、タンパク質、細胞、目、脊椎といったモノによって特徴付けられる機能は、多くの動物種で共有しています。同様に睡眠、体温調節、体内時計といったモノに還元しづらいシステムとしての機能も、多くの動物種で共有されています。

しかし、本を読んで楽しんだり進化論を主張したりする動物種はヒトに限られています。ヒトの特徴は、ハードウェアに実装された公理系以外に、ソフトウェアとして柔軟に公理系を扱えることです。この特徴は、生物としての制限を超えて世界モデルの構成に自由をもたらし、世界モデルに新たなルールを取り込んで改変する可能性をも開きました。

ソフトウェアとして柔軟に公理系を扱えるというヒトの特性は、言語の機能として説明できます。言語もまた公理系です。公理系であることの例によって、単純なルールとしての公理の集合によって、あるいは運用されるその営みによって言語の特徴を言い表せます。日本語や英語などの諸国語には、論理を表現するためのルールがそれぞれにあり、文法と呼ばれています。しかし、文法だけではその言語がどのようなものであるかを言い表せません。どのような用語が定義されて語彙を形成し、どのような運用がなされているのかが、その言語の特徴を指摘するためには重要です。日本語には、諸外国語と比較して、豊かな雨の表現があります。また、イヌイットが用いる言語には豊かな雪の表現があるようです。こうした運用のありようは、文法からは導かれない特徴です。一方、プログラミング言語や数学などの人工言語の場合には、運用の営みを想定しながら文法を設計します。

これら諸言語に共通する特徴は、現実世界のルールに縛られないことです。生物の公理系は、化学や物理学によって制限を受けており、化学や物理学のルールに反したルールは採用できません。しかし言語は違います。ゲームのルールを自由に創造できることが、言語という公理系の際立った特徴です。

ただし言語は、論理と非論理を分別し、論理をルールとしています。このことが言語を制限しています。言語は基本的に自由ですが、非論理を対象にできません。つまり言語とは、論理に基づく公理を設定することで、諸言語や各種ゲームなど新たな公理系をいくらでも創り出せる、メタ公理系なのです。

言語によってヒトが創り出す公理系は、価値の体系と言い換えることが可能です。価値体系とは、「何を正しいと信じるか」や「何を良いと信じるか」などの決定基準を公理として持つ体系であり、諸言語は「この論理を示すには、この表現が正しい」などの文法や、「この言葉を、この意味で用いる」といった語彙を論理的表現の公理として持つ体系だからです。

語彙の豊かさは、当該言語における価値開発の深さだと考えられます。「雨」と呼ぶ現象の中で創造的に差異を見出す時、「小雨」や「村雨」などの概念が生まれます。語彙に含まれる単語の一つひとつが価値の体系を形成し、それぞれに相互参照しながら新たな概念が開発されて価値体系上の差異として認識されるため、言語は非常に複雑な構造を持ちます。

なお、論理の他に強く言語を制限するものがあります。それは、言語を扱うのが、ヒトであるという事実です。ヒトは、ヒトとして構成する身体で、ヒトが構成する世界モデルの中で生きています。先ほども述べたように、可視光線以外の電磁波には生物学的な価値を見出さない身体と世界モデルを採用して生きています。さらに、虚数を無視して実数をリアルな数の体系として受容しています。こうしたヒトとしての知覚可能な領域の制限が、言語の運用を縛っています。

また、言語は差異がないことをうまく表現できず、何も存在しないのと同じように「無」としか言えない制限があります。無は、ただ無なのか、あるいは無限大の対称性を有するがゆえに無としてしか認識できないのか。価値の体系において無は特異点となりやすい性質があります。

さて、ヒトは、言語が依って立つところのヒト自身のルールや、ヒトの世界モデルのルールについて、基本的に無自覚です。世界モデルとして非言語的に構成した公理系は生物としての価値を重視しており、不可視領域にある電磁波のように、虚数のように、生存に重要でない事象はそもそも認識の対象外です。何を感じ取れていないのか、感じることによっては原理的に明らかになりません。

とは言え、言語自体は論理のルールにしか縛られない本来的に自由なものです。したがって現実世界のありようのうち論理的な部分については、言語を用いて説明できる可能性があります。ただし、言語による説明を他者と共有するには、客観性とは何かを理解し、客観的な表現を追求する必要があります。

対称性と客観性

言語は「差異の体系」だと言われます。差異とは、ある基準における非対称性のことです。非対称性ではなく差異と表現するのは、ヒトは否定語を理解するのが得意ではなく、肯定的に言い換えることで理解の負荷が小さくなるからです。ただし、負荷低減の代償として、否定語の肯定化がもたらすのは、何となく理解できてしまう意味の曖昧化です。言語を「非対称性の体系」と表現する場合には想起できる対称性の基準という観点が、「差異の体系」と表現した途端に曖昧になります。

対称とは、ある基準において差異がないこと。あるいは、ある基準において交換しても同一性が保持されること。非対称とは、ある基準において差異があること。あるいは、ある基準において交換すると同一性が保持されないこと。対称性は差異の体系たる言語にとって重要な性質です。差異の有無および交換における同一性の有無により対称性が定義されることは、言語の特徴として挙げた無の扱い難さの直接的な原因となっています。無には、対称性の基準が見出せないのです。

対称性と無の関係を分かりやすくするため、硬貨を例に考えてみましょう。硬貨には、表と裏があります。この差異が分かるのは、表裏に異なる模様があるからです。この差異を解消するため、模様を消してしまいましょう。表裏の分からない円板になります。しかし円板には、円形の面と縁の部分が残ります。これが分かるのは、面と縁の形が異なるからです。この差異を解消するため、面と縁をなくして球としましょう。それでも球は観測者の触れ方によって触れることのできる箇所が異なります。これが分かるのは、球に球面があるからです。この差異を解消するため、球面をなくして点としましょう。点は時空間上の位置を表しますが、観測者の時空間上の位置によって、相対的な点の位置は異なります。この相違が分かるのは、点が存在するからです。この差異を解消するため、点をなくしましょう。このように、非対称性たる差異をとことん解消した先に見出されるのは、無としか表現できないものです。

今度は非対称性を増やしていくこと、つまり差異を新たに設定することを考えてみましょう。素材は、表裏共に白い折り紙です。これを対角線で折り合わせます。元々なかった線が折り紙の面を分割し、差異を生じました。さらに折り合わせていくと、指摘できる差異の数は増していきます。出来上がった折り鶴は、くちばしや尾、羽の部分が指摘できるなど、元の折り紙よりも非対称性が高くなっています。ただし、模様を描いて色を塗ったり、もう一羽の折り鶴をつなげてみたり、作品名を付けたり、文芸作品に登場させたり、差異を加える操作がいくらでも可能です。差異を加える操作は、それを解消する操作とは対照的に、行き着く先の果てがありません。高次の空間次元を考えたり、言語によって定められる差異を設定したりすることで、原理上は無限に差異を設定できます。

こうした対称性と非対称性の特徴は、物体だけに限りません。概念も同様です。どのような非対称な存在も、その差異を解消する操作を無限回繰り返すことができれば、行き着く先は、無としか表現しようがないものです。

また、対称性と空間の次元には深い関わりがあります。差異を解消する操作は、3次元の硬貨から0次元の点や無へ向かう操作です。一方、差異を加える操作は、2次元の折り紙から3次元の折り鶴を作ったように、高次元へ向かう操作です。一般に、空間の次元が高ければ高いほど対称性を考慮できる基準が多く、複雑な差異を構成できます。

こうした性質は、言語による情報伝達に活用されています。言語は基本的に、前から後ろへ順次読み進めていく直線的な情報提示しかできません。モールス信号のような点と線分の組み合わせで差異を表現すれば、直線的な差異のみで情報伝達を完遂できます。しかし、平面的な差異を有する多様な文字を利用すれば、よりスムーズな情報伝達が可能です。太字や傍点による強調、フォントの変更など、空間次元の活用は豊かな情報伝達を可能にします。

さらに、非空間的な対称性の基準を一つの次元と考えることも可能です。例えば、色という基準で差異を表現し文字色に意味を持たせれば、より豊かな情報伝達が可能になります。

なお自然諸言語には、修飾という形で物事に差異を付加できる機能が文法的ルールとして存在しています。したがって、例えば文字色で硬貨の色を表現することなく、「銀色の硬貨」などと修飾語により差異を表現できます。修飾語は様々な基準から差異を設定できるため、多次元複合的な豊かな表現が可能です。ただし、その提示方法はあくまで前から後ろへ読み進む直線的な方法です。多次元の概念を説明するには、冗長に表現せざるを得ません。

ここで、次元という言葉を整理しておきます。本章において次元は、差異を考慮できる基準と考えます。また次元そのものについても直交性という基準から差異が考慮でき、直交する次元と直交しない次元に分別できます。以下の説明では、3次元空間など直交性を考慮する場合に次元の多寡を「高次元」および「低次元」と表現し、必ずしも直交性を考慮しない次元の多寡は「多次元」および「少次元」と表現します。例えば「机上に置かれたくすんだ銀色の硬貨」はすべて2次元の文字で表記されますが、どこにあるどのような硬貨かを指定するために、色の見え方に関する差異まで加えた多次元の表現をしています。

さて、1次元のモールス信号と2次元の文字との比較で説明したように、高次元の表現は情報伝達を豊かにしてくれます。次元が高いほど差異の基準が多くなり、複雑な差異を設定できるためです。では、言語で構成される公理系は常に高次元および多次元の情報伝達を志向すべきでしょうか。

実は、高次元および多次元の表現により失われてしまう性質があります。それは、客観性です。

例えば文字表現における客観性とは、いつ、どこで、誰が読んでも同一の意味として解釈できる性質のことです。修飾語の例として挙げた「銀色の硬貨」は、読む人によって抱くイメージが異なるため、客観性を欠いています。ここに新たな基準から差異を設定し、「折り鶴の模様が描かれた銀色の硬貨」とすればイメージは明確になるものの、誰が読んでも同一の像を思い描けるわけではありません。模様のイメージにより差異を考慮できる基準が増え、客観性が失われています。多次元を考慮し、冗長な表現により差異を設定する方法では、客観性の獲得が困難です。客観性と多次元表現とは、トレードオフの関係にあるのです。客観性を有した表現は、少次元の差異のみを考慮できるものでなければなりません。

また先の例で硬貨の差異を解消する操作により、球を得ました。球は3次元空間において客観性が高い概念です。いつ、どこで、誰が見ても球は球です。しかし、球を2次元の世界から見ると、様々な半径を持つ円に見えます。１次元の世界からは、様々な長さの線分として認識されます。球は、３次元空間において高い客観性を有するものの、低次元においては客観性が低いことになります。

今度は反対に、空間上の直線を考えてみましょう。直線は、１次元の世界から見ても直線と認識できます。同様に、高次元の世界から見ても直線だと認識できます。次元の高低に依らず、直線は高い客観性を有しています。客観性を有した表現は、低次元の差異のみを考慮できるものでなければなりません。

なお、ヒトが広く活用している客観的な価値体系があります。それは、数直線に象徴される実数と呼ばれる体系です。実数は数の大小という差異の体系を成し、少次元かつ低次元の客観性を有した表現を可能にします。

もし、言語によって構成する価値体系が客観性という性質を求めるのであれば、その公理や営みは低次元を志向するはずです。ただし、無や点だけの0次元の世界では、すべてが存在と非存在の差異に還元されてしまうため、豊かな表現を望めません。したがって、最も客観的な価値体系は1次元を志向するでしょう。

一方、ゲームやビジネスにおいては客観性の制限が有効に活用されています。例えばトランプゲームは表裏の図柄が異なる3次元のカードを使用し、相手に知らせることなく自分の手札を確認できる特徴を活用しています。立場によって評価が異なるよう客観性が制限されている状態は「情報の非対称性」と呼ばれ、特に経済学的に研究されています。

ヒトが他者と共通の価値観を持ち、適切にイメージを共有して社会を構築するためには、客観性という性質が必要不可欠です。逆に言えば、ある価値体系が客観性を有していれば、時代や地理や文化的背景を超えて社会的に活用される可能性があります。

科学という公理系

現代社会に生きるヒトが特に重視し、広く共有されている公理系があります。それは科学です。

科学には、複雑な現実世界をよりよく理解して説明するという目的があります。言語に依拠する科学の営みは論理に制限されますが、生物としてのヒト自身やヒトの世界認識モデルの公理による制限は受けません。したがって科学は、複雑な現実世界の論理的な側面を精確に説明できる可能性があります。

一方で、科学を営むのがヒトである以上、無自覚にヒト自身やヒトの世界モデルの公理を援用する新たな公理を採用して科学の営みを歪めたり、科学の営みから得られた知見について身勝手な解釈をしたりしてしまう可能性も常にあります。

さて、科学の公理を理解するために、まずはヒトの世界モデルにとっての基礎的な公理から検討しましょう。

複雑過ぎて生のままに感得し理解することができない現実世界を解釈するためにヒトが設定している公理として、因果律があります。因果律とは、原因と結果の関係性に関するルールです。物理現象を規定する極めて基礎的な公理として、科学は因果律を採用します。また、科学は言語に依拠しており、論理というルールを公理として採用しています。因果律は時間の流れを基礎として原因と結果の関係を定める一方、論理は無時間的な物事の関係性に関するルールです。

公理系の特徴として、これまでになかった仮定を公理として加えて、新たな公理系を構成できると説明しました。因果律と論理を採用した公理系に、新たな公理を加えた公理系として科学を捉えてみます。また、科学がどのような公理系であるかを明確にするため、宗教を同様の公理系として捉えてみます。宗教と科学は、それぞれ何かを仮定し公理として採用しています。

科学と宗教の営みを観察してみると、ヒト自身や世界モデルに関してよりよく理解して説明する目的を共有しているようですが、方法論が大きく異なっていることに気付きます。「第一原因となる超越者は存在する」という公理を採用するのが宗教で、採用しないのが科学です。宗教は、第一原因となる超越者たる神の存在を公理として採用することで、あらゆる物事に対して単純明快に説明し尽くすことが可能になりました。一方、科学は神の存在を公理として認めないため、世界の理解や説明を簡潔に終えることができません。

では神の存在を仮定しない科学は、何を公理としているのでしょうか。それは「科学が正しいとしているものは何か」という問いの答えです。科学は何を信じるか、と言い換えても構いません。

「因果律」と「論理」に加えて科学が正しいとしているのは、ニュートン力学において「絶対時間」と「絶対空間」と呼ばれる客観的な時間と空間の存在です。因果律の前提となる過去から未来へ一方向に流れる時間の速度が、一律で変化しないこと。また空間が3次元すべての方向に連続的で均質な無限の広がりを持つことを仮定します。なお、時間は空間に依らず一律に流れ、空間は時間に依らず均質で動きもないため、時間は空間に関して対称で、空間は時間に関して対称です。

また科学の営みを特徴づける公理として、「対象が客観性を有すること」、「測定行為が客観性を有すること」、「操作行為が客観性を有すること」、「評価行為が客観性を有すること」といった対象や行為に客観性を求めるルールを採用しています。

対象の客観性は、時間と空間に関する対称性と、行為の結果に関する対称性として定義されるでしょう。完全に同一な二つの対象は、時間の流れに対しては同一の変化を起こし、3次元空間上ではぴったりと重ね合わせることができ、同じ行為に対しては常に同じ変化や結果を生じます。対象が客観性を有していることは、同一と見做せる対象を複数用意できることにより主張できます。

一方、行為の客観性は、時間と空間に関する対称性と、対象に関する対称性として定義されるでしょう。同一対象に対して同一行為を行った場合には、時間や空間に依らず、また行為者にも依存せず、特定の変化や結果を常に生じます。行為が客観性を有していることは、同一と見做せる対象に対して同一と見做せる行為を複数回実施して結果の一意性を示すことにより主張できます。対象や行為の客観性は、科学の再現性を担保します。

なお、操作行為は対象に変化を与える行為です。測定行為は対象に変化を与えない行為で、対象の特徴を示す量を計測します。評価行為は測定行為の結果を対象とする抽象的な行為です。

さらに科学は、測定行為に供する客観的なものさしとしての「単位系」と、数の大小に関する客観的な価値体系である「実数体」を公理としています。

ここで挙げた公理は、科学という公理系を構成するのに不足や重複があるかもしれません。また、これらのうちいくつかの正しさを公理として含めない科学分野もあります。時間や空間の客観性を定めた公理を疑う方法論は、一般に科学を揺るがし、科学か否かの議

論の対象となります。例えば、相対性理論や量子力学は通常の科学の方法論と異なってお
り、科学自体を揺るがしています。
さらに客観性を求める公理に反する営みは、科学であることを社会的に認めてもらえま
せん。例えば評価行為が客観性を有するという公理に反して、主観的な評価行為を行った
場合、当該行為は捏造と判断されます。捏造は時として、科学を超えて社会全体を揺るが
す事件となります。
また科学は、宗教のように第一原因となるものの存在を公理としていません。したがっ
て科学の営みは、因果律と論理に基づき、自ら客観的な原因を設定して現実世界に働きか
け、現象としての客観的な結果を得ようとする試みになります。それゆえ科学は現象から
直ちに原因を指摘できませんし、現象という結果との関係性を明らかにするために何を原
因として設定するのかも恣意的に決定しなければなりません。
したがって、現実世界をよりよく理解して説明するためという目的から考えれば逆説的
ですが、科学に説明できない事柄があることを認めざるを得ません。この一点において、
超越者の存在を仮定し説明不可能性を認めない宗教とは、決定的かつ本質的に異なります。
さて科学は、物事の客観的な関係性について、実数を用いた実験によって実証するルー

ルで運用されています。「実」が並ぶこの取り組みは、ヒトの社会に実りをもたらしています。

科学が現代社会に大きな実りをもたらせる理由は主に二つあります。一つは、徹底的に主観性を排して客観性を追求し、時代や地理的条件、文化的背景に依らず知見を適用できるため。もう一つは、ヒトの世界モデルが虚数を無視して実数のみに価値を見出す公理を採用し、現代社会も実数を基礎として運用されているためです。科学と現代社会は、公理系として高い親和性があります。

科学の営みとは

科学は、実験により測定された実数の加減乗除という抽象的な算術操作によって物事の客観的な関係性を実証するためのルールを公理として採用しています。

科学の公理は、科学で扱う対象や行為が客観性を有することを求めます。客観的な対象に対しては、実数の目盛りがついた単位系のものさしを使って測定行為ができます。さらに、ある客観的な対象に操作行為を加えて、新たな対象にできます。なお、各行為も客観的な対象として、別の測定行為や操作行為ができます。

測定行為の結果は単位付きの実数として表現されます。対象が客観性を有し、なおかつ測定行為が客観的であれば、いつ、どこで、誰が測定行為をしたとしても、同じ目盛りがついたものさしを使ってさえいれば測定結果は一意に定まります。また測定結果を用いて算術操作する評価行為はアルゴリズムとして客観的に表現可能ですので、やはり評価結果は一意に定まります。

ただし、現実世界はとても複雑なので、対象や操作行為について本質的なことは何も分かりません。それでも科学は、複雑な現実世界から、科学の公理に基づき、物事の客観的な関係性という価値ある情報を引き出すことができる方法を編み出しました。

対象や行為が客観性を有していると見做せれば、いかなる場合でも成立する物事の客観的な関係性を実証可能とする。こうした目的を達成する合理的な方法は、二つの実験系列を並行して実施し比較対照するものです。比較対照する理由は、低次元の表現に落とし込んで客観性を担保するためです。具体的な実験の流れを確認しましょう。

まず、互いに差異がないと見做せる対象Ｘ１と対象Ｘ２にそれぞれ測定行為をして、測定結果ａ１とａ２を得ます。次に、対象Ｘ１に操作行為Ｙを加え、対象Ｘ２には操作行為Ｙ＋Ｚを加えます。操作行為ＹとＹ＋Ｚの差異は、対象Ｚの有無として客観的に表現できるものとします。そして、操作後の対象Ｘ１と対象Ｘ２に測定行為をして、測定結果ｂ１とｂ２を得ます。

なお一般に、実験者が関心を寄せる事柄は対象Ｚの効果なので、対象Ｚを含む操作行為Ｙ＋Ｚに対する消極的な対照という意味で、操作行為Ｙはネガティブコントロールと呼ばれます。ネガティブコントロールは、科学という営みにおける重要な語彙の一つです。

また、対象Ｘ１と対象Ｘ２は差異がないと見做せるため、測定結果ａ１と測定結果ａ２の差異もないものと見做します。対象や測定結果に差異がないことを表現するため、それぞれ対象Ｘおよび測定結果ａと簡略化して表現します。

対象Ｘに対する操作行為Ｙと操作行為Ｙ＋Ｚの効果はそれぞれ、b1-a、b2-aと評価されます。

今、興味をもって検証しているのは、対象Ｚの効果です。対象Ｚの効果は、並行して実施した二つの実験系列の評価結果の差異として現れるはずです。したがって、(b2-a)-(b1-a)=b2-b1と表わされます。

こうして、「対象Ｘに対する操作行為Ｙ＋Ｚと操作行為Ｙにより生じた測定結果の差異b2-b1は、対象Ｚの存在のみを原因としている」という価値ある情報が得られました。

対象Xや操作行為Y、対象Zについて客観性があると見做すことができ、さらに対象Zの有無という存在の言明が確かなら、常にこの結論が得られます。科学実験における条件統制とは、対象や操作行為に関して客観性があると見做せるよう巧妙に仕組むことです。

また得られた結論について次元という観点から見れば、対象Zの有無という0次元の原因と、差異b2−b1という1次元の結果との関係性が、統制された条件下で見出されたことになります。複雑な現実世界に見出されたこの関係性は、客観的で有用な情報です。対象Xに関して実験外で同様の差異が見出された場合、必ずしも正しい推論とは限りませんが、科学的に妥当な原因として対象Zの存在を指摘できます。

この方法論こそが、科学の営みが見出した知見です。ネガティブコントロールを置いて因果を明らかにする実験手法は、囲碁における定石のように、公理の運用により見出された科学の定理なのです。この定理を複雑な現実世界に適用すれば、数多の価値ある情報を引き出せます。

正しく条件統制された科学実験の結果に失敗はありません。ある基準において差異がないとする否定的な結果も、それを見出せたという意味で成功と言えます。ただし、多くの場合に実験の成否は差異を生じる原因を特定できたか否かで判断されます。この価値判断の基準は、実験の動機からもたらされます。

科学的探究の動機は、差異の観測と原因となる存在の推論です。例えば、同一と見做せる二つの対象について、測定結果に何らかの差異が見出された場合。因果論的世界観において、測定結果の差異は客観的な原因の存在を推察させます。その原因は、同一と見做した両対象に内在する差異として表現され、新たな対象として客体化されうるでしょう。

この時、原因として客体化された新たな対象は、その存在と非存在という差異のみによって結果を説明できると期待されます。なぜなら、新たな対象を変化させる操作行為の探求を科学実験として実施した場合、得られた結果の応用が容易だからです。単一原因となる対象を変化させることで元々の測定結果の差異を自在に操ることができれば、価値ある情報を有用な技術に転換できます。

例えば、傷が化膿するという差異が見出され、その単一原因を細菌だと特定した場合です。細菌を新たな対象とする実験により細菌の増殖を抑制する化学物質が見つかれば、化膿止め用の薬物として利用できます。

科学の営みにより社会的に価値のある情報が得られるかは、客観的な原因を特定できるか否かにかかっています。原因の特定に寄せられる期待や先入観は、そもそも科学が説明できない事柄にも説明を求める欲望を生じさせます。説明原理としてプラセボ効果を創造する背景には、科学の営みに科学以外の価値判断を加えがちなヒトの性質があります。

認知バイアスとプラセボ効果

科学は本来、複雑な現実世界に属する対象や行為について、その存在の有無以外は何も言明できません。科学実験は対象の特徴を実数値に落とし込み、並行実施した実験系列から差異を見出す営みです。対象や行為の本質的な要素を捨象し、客観的な関係性の証明を追求します。科学的な実験手続き自体は、対象や行為の本質に迫ろうとするものではありません。

しかしヒトは、操作行為の結果について先入観を有しています。また対象や操作行為の本質は自明だと思い込んでしまいます。あるいは結果をもたらす客観的な原因の存在を期待します。ヒトは、ヒトならではの世界モデルに基づいて様々な事象を認知しますが、認知バイアスに関しては無頓着です。

例えば、ある操作行為が対象に何ら変化をもたらさないと想定してみましょう。具体的に言えば、薬効成分を含まない偽薬を服用させる操作行為は、対象たる被験者に対して変化を生じさせないはずだ、という想定です。この想定は仮説として有用かもしれませんが、あくまで先入観に基づく未証明の仮説です。

偽薬の服用という操作行為において、被験者に影響を及ぼし得る要素として特筆すべきは偽薬そのもので、偽薬には何ら効果がありません。したがって、偽薬の服用が被験者に変化をもたらさないとする考えは、ごく自然なことのように思われます。しかし、この期待にも根拠はなく、自明だと思い込んでいるに過ぎません。

そして、被験者が偽薬を服用した後、科学的に測定可能な変化が生じてしまった場合、うまくこの現象を説明できないことになります。不思議だと言って首をかしげるか、説明に論理的整合性を与える説明原理を創造するしかありません。科学は第一原理としての神を持ち出せないので、神や奇跡以外の説明原理が必要です。時にそれは、プラセボ効果と呼ばれます。プラセボ効果は、偽薬服用に伴う変化の客観的な原因として創造された説明原理です。

プラセボ効果を不思議に感じる原因は、ヒトの認知バイアスです。特に、客観的な原因の存在を期待するヒトにとっての自然な解釈として、行為よりも具体的な物体に注目してしまったことにあります。期待に基づき、服用行為により起こる変化が薬効成分の有無のみで説明できると勘違いしてしまったのです。

服用行為自体も何らかの変化を及ぼし得るのが現実です。また、服用そのものだけでなく様々な背景的情報が実験参加者に影響を及ぼします。

こうした行為自体の影響について、科学は何も言明できません。複雑な現実世界に属する複雑な操作行為は、科学の評価対象ではないのです。したがって、複雑な被験者に対する複雑な操作行為の結果として起こる事象についても、必然的に説明することができません。

科学に説明できない事柄とは、第一義的に原因としての対象や操作行為がどのようなものであるかということです。また結果的に、そうした説明できない事柄を原因として起こる事象についても説明することができません。

科学は、科学に説明できない事柄についての扱いを知りません。扱い得るとすれば、「ただ黙して語らず」という公理を設定することでしょうか。この公理は、科学の上位の公理系として位置付けられる合理主義思想のものかもしれません。偽薬の服用という一見単純な操作行為も、また被験者となるヒトも、複雑な現実世界に属する複雑な存在です。その全容を、科学的には明らかにできません。そして科学は、語り得ぬものについては、沈黙しなければならないのです。

ただしヒトは、沈黙が得意ではありません。説明できない、理解できない、分からない事柄は基本的に不快に感じるよう身体が構成されています。不快を解消して快を提供してくれる論理を愛し、沈黙よりも雄弁を選択してしまうのがヒトという生物です。こと科学の営みにおいては、説明原理というジョーカーを持ち出して論理の穴埋めをするヒトの習性を意識しておく必要があります。プラセボ効果もまた、ジョーカーの一つです。哲学史や科学史は、打ち捨てられた数多のジョーカーを丹念に拾い上げて年代順に並べる取り組みと言えるでしょう。

ここまで、科学を営むヒトが、プラセボ効果という現象を不思議なものと認識してしまう原因について説明しました。この先、さらにプラセボ効果が生じる要因についての考察を行います。それは、科学が語り得ないことを語る試みです。プラセボ効果を生じる要因が科学に語り得ないことと関係しているのであれば、科学に語り得ないこととは何か、どうしてそれを語り得ないのかがプラセボ効果の理解を深める重要な問いになります。

適切な理解のため、以下の説明ではプラセボ効果という現象そのものとプラセボ効果が生じる要因について区別し、現象や結果を「プラセボ効果」、要因を「プラセボ要素」と表現することとします。

西洋医学という公理系

プラセボ効果は西洋医学との関わりが深い概念です。それは、西洋医学が科学に依拠しているためです。依拠しているとは、科学に何かしらの新ルールを加えた公理系が西洋医学であるということです。科学が語り得ないこと、ひいてはプラセボ要素の理解を深める題材として、西洋医学の公理は最適です。さて、西洋医学は科学の公理に加えてどのようなルールを公理としているのでしょうか。

西洋医学の公理は「疾病の客観性」です。疾病は客観的存在だと仮定することで、科学の対象とできます。ただし、「疾病の客観性」を公理としたところで、疾病そのものを取り出して見せることはできません。患者を対象とする医療において、患者に内在する単一原因として疾病を仮定できること。そして、患者を患者たらしめる原因としての疾病を操作行為の対象と仮定できることをルールとしたに過ぎません。そもそも疾病とは、結果には必ず客観的な原因が存在するというヒトの期待に基づく、推論上の仮想的な原因です。「疾病の客観性」は、仮想的な疾病に対象としての現実感を付与する公理です。

医療の語彙に「診察」や「診断」があります。医療が西洋医学に基づく場合、「診察」とは、疾病を原因とする差異の測定行為です。測定行為を重ねることで、「診断」として疾病を特定します。また、「治療」という言葉があります。西洋医学における「治療」は、対象としての疾病に対する操作行為です。西洋医学は、専ら疾病を対象とする営みのようです。「治療」という操作行為の複雑さを単純なものとして認識すれば、科学の場合に説明したように、西洋医学では説明できない不思議な現象が認められることになります。そうした不思議な現象にも論理的な説明をするため、語り得ぬものを虚構的に語るため、プラセボ効果のような説明原理が必要とされます。

また第4章で、西洋医学では、健康の定義が否定的に為される話を紹介しました。このことは、西洋医学が「疾病の客観性」を認めながら、「健康の客観性」は認めていないことを推測させます。

科学に基づき社会実践的に用いられる公理系は、判断基準として利用できる客観的な差異の体系の構築を目的としています。そうした体系は、誰でも、いつの時代でも、どのような文化的背景があっても、適切な判断基準として用いることのできる客観性が求められます。したがって、科学的であろうとする公理系は、判断基準としての客観性を担保できるよう、対象に関する客観性の公理を特定の形で採用します。

対象の客観性は、同一対象についての時間・空間・行為に関する対称性として定義される性質です。それぞれに客観性を有した複数の異なる対象の扱いについて、科学にはそれらの関係性を客観的に定める方法がありません。

仮に健康と疾病が同一の体系上で共に客観性を有すると考えると、健康と疾病の関係性を恣意的に決定する必要が出てきます。例えば、体温の差異で健康と疾病を判別できるとしましょう。しかし、体温が何度の場合に健康であるかは自明ではありません。食事、運動、睡眠などの行為によって変動してしまう性質があります。すべての条件において健康時の体温と疾病時の体温を表示し尽くせれば問題ありませんが、尽くせたことを判定する方法がありません。一般的な数値として36・５℃を健康と定義したいところですが、恣意的な判断の客観性を保証するものは何もありません。また体温以外の基準により、当該体温でも疾病と判断される余地があります。客観性を有する独立した存在が同一体系上に複数ある場合、それらを判別する基準を客観的に定める方法が科学のルールにはないのです。

また、当の体系において客観的な対象を単独で定めることもできません。疾病のみを考慮の対象とする場合、ある疾病と別の疾病の差異に関する体系となりますが、差異について言及すべき疾病の客観的な選択基準は科学のルールでは定められていません。例えば「風邪」と称する疾病を基にすべての疾病を語るなどと決める恣意的な取り決めが必要になります。したがって、疾病のみを考慮する価値体系は相対的な疾病同士の差異を表現できるものの、絶対的と見做せる基準を内包していない体系となるため、判断基準としての客観性を担保できません。

こうした課題を客観的に解消する方法があります。それは、疾病を客観的な対象として特別視し、「疾病と非疾病、西洋医学体系のすべて！」と宣言してしまう方法です。これは論理的に正しく、科学的な営みを可能にする宣言です。非疾病を西洋医学体系上の原点と定め、原点との差異として疾病を客観的に評価できるためです。

「非疾病とは何か」という疑問は、非疾病を健康とする用語の定義によって解消します。ただし、否定語によってしか定義できない健康は曖昧で、客観的ではありません。例えば健康時の体温を平熱と表現できますが、平熱は特定の温度を指すものではなく、曖昧な概念です。また健康の要素に自然治癒力を含むとしても、西洋医学はそれを対象にできません。西洋医学における健康とは、科学的な営みを可能にするため、疾病の否定に対して創造された概念です。つまり西洋医学における健康は、説明原理なのです。健康に含まれる要素は、プラセボ要素の一部として重要な位置を占める要素です。

なお、「疾病の客観性」を公理とする西洋医学研究は、価値体系としての疾病データベースを構築する営みです。非常に簡略化した例として、体温という差異の基準のみで疾病を診断できる世界を仮定します。データベースには、疾病ＩＤと疾病名、体温差異の項目が登録されます。体温の項目には、健康時の体温との差異が実数値の範囲で示されます。疾病ＩＤが１の要素は疾病名が「低体温病」、体温差異が「＜０」と表記されます。また疾病ＩＤが２の要素は疾病名が「高体温病」、体温差異が「＞０」と表記されます。このような価値体系は疾病のものさしとして利用でき、この場合には体温を測定して平熱と比較すれば客観的に疾病名が特定されます。さらに疾病ＩＤが０の要素について、疾病名を「健康」、体温差異を「０」と定義すれば、西洋医学体系における特異点としての健康の性質を表現できるかもしれません。

もちろん、現実の西洋医学体系は多次元のデータを考慮する極めて複雑な価値体系です。科学的観察に基づく１次元の差異を項目として追加することで、現実世界の複雑さを表現しようとします。多種多様な測定行為により実測される多次元の差異データはデータベースと照合され、合致すれば疾病IDおよび疾病名が特定されます。疾病名を特定する診断を次元の観点から見れば、多次元の情報に基づき0次元に還元する行為です。

西洋医学の場合と同様、科学に「薬理作用の客観性」という公理を加えて「薬理作用と非薬理作用、薬理学のすべて！」と宣言すれば、薬理学を創始できます。非薬理作用は、薬理学という価値体系における原点として薬理作用を表現する差異の基準となります。薬理学は、薬物による対象の変化を非薬理作用との差異として表現した薬理作用データベースを構築する営みです。否定語で表現される非薬理作用は、原理的に薬理作用以外のすべての要素を含みます。それは、健康の要素と並び、プラセボ要素の一部として重要な位置を占める要素です。便宜のため、これを薬理学的プラセボ要素と表現します。

西洋医学は、科学という上位の公理系を共有する薬理学を信頼し、薬理作用を有する薬物の投与を疾病に対する客観的な操作行為として採用します。しかし、薬理作用を薬理学的プラセボ要素と分別して純粋に取り出すことは、屏風に描かれた虎を綱で縛り上げたり、ドーナツを穴だけ残して食べたりするのと同じ位に困難です。薬理作用とは、薬理学的プラセボ要素との差異によってしか表現できないものだからです。科学に基づく学問分野を実践する現代医療において、プラセボ効果はいつでも、どこでも現れていると考えなければなりません。

科学に基づく価値体系は、１次元の差異を重ね合わせることにより多次元の複雑さを表現し、複雑さの中に仮想的な１次元の体系を見出そうとします。重ね合わせられる１次元の差異は、ある点を基準として表現されます。その点は、当該価値体系において考慮しないすべての事柄を含み、また当該価値体系においては何ら説明したり評価したりすることができない特別な点です。無と極めて近い性質を有しています。言語にとって無は扱いの難しい概念と説明しました。科学にとって客観性を有する対象の否定で表現される概念は、やはり扱い難い概念です。

科学に語り得ないこととは、差異の基準となる原点です。原点を語り得ないのは、差異の体系を構築する科学の営みが、差異の基準たる原点を捨象すべき要素として扱うためです。プラセボ要素はこの原点に含まれる要素であり、プラセボ効果はプラセボ要素から生じる現象です。プラセボ効果を科学で取り扱うことが困難な理由は、科学の営み自体にあります。

上記の説明からは、西洋医学が依って立つ基盤の危うさを感じられたかもしれません。

疾病を客観性のある仮想的な原因と仮定し、疾病の否定を健康と定義して差異の基準とする。確かなものが、どこにもない。言葉だけが、確かにある。西洋医学を理解するには、そうした感覚を忌避することなく、正しく向き合う必要があります。曖昧さを内包するがゆえの強さもあるのではないでしょうか。

東洋医学という公理系

プラセボ効果は、科学に依拠する医学や薬学を医療として実践する場で認められる現象です。健康やプラセボ効果という言葉が現代医療に与えているのは、説明不可能性という不安要素をベールで覆い隠して得られる安心感。覆い隠したベールの向こう側に、科学が隠そうとした神秘を感じさせます。だからこそ、プラセボ効果や健康は汲めども尽きない興味の対象となっているのだと思います。

ただし、現代医療として実践される医学の体系には、西洋医学の他に東洋医学もあります。プラセボ効果に関する理解を深めるため、科学や西洋医学と比較しながら、東洋医学についても検討してみましょう。東洋医学とは、どのような公理をルールとして持つ、どのような語彙を有した、どのような運用の営みなのでしょうか。

正直に言えば、東洋医学の公理について、僕自身はよく知りません。しかし無理解を承知の上で、検討してみましょう。

東洋医学は、西洋医学と大きく異なります。その理由は、東洋医学が科学に依拠していないためです。つまり、東洋医学は科学のルールに即していない公理系です。したがって、科学には説明できない事柄をヒトの世界モデルのルールで解釈したために現れるプラセボ効果という概念を、東洋医学は持ち合わせていません。

東洋医学は、論理と因果律を公理として科学と共有しているように思われます。すべての説明的な行為は、論理と因果律に依らざるを得ないためです。さらに、当の公理系には説明できない事柄があることについても、宗教と分別する特徴として共有しているように思われます。恐らく、複雑な現実世界の複雑性そのものは、科学と同様に説明できないのではないでしょうか。

その他には、どのような公理があるのでしょうか。科学の場合に挙げた物理的な仮定としての「絶対時間」、「絶対空間」は公理でしょうか。「対象が客観性を有すること」、「測定行為が客観性を有すること」、「操作行為が客観性を有すること」、「評価行為が客観性を有すること」のそれぞれを、東洋医学はルールとして求めているでしょうか。あるいは測定行為に供される「単位系」や「実数体」は公理でしょうか。さらに、西洋医学が公理とする「疾病の客観性」について、東洋医学も公理としているでしょうか。

僕が東洋医学に対して抱くイメージは、「分類すれども測定せず」です。東洋医学は客観的な測定行為を行いません。目盛付きものさしのような、真っ直ぐなものを当てて測るより、例えば陰と陽のようなものへの分類が東洋医学の根幹を成しているように思われます。陰陽を表す太極図は、すべて曲線で描かれています。

東洋医学における分類行為は、ものさしを用いる直線的な測定行為と異なり、面状の広がりを有しています。例えば漢方における証という概念を、実数概念に基づく大小を基礎とする価値体系、つまり1次元で表現することはできません。少なくとも2次元の表現が必要です。このことは、東洋医学が実数体を公理としていないことを示唆しています。

また分類行為は、科学が測定行為に使用する単位ではなく、専ら言語に依っています。単位系や実数に基礎付けられる測定結果の評価行為に、価値を見出していないようです。「分類すれども評価せず」です。

分類行為自体についてより深く分析するためには、数学的な議論を参照して、対称群を構成する「群の公理」や２次元の数の体系である「複素数体」を検証してみる必要があると考えています。しかしながら僕の手に余る内容ですので、これ以上追求しません。大事なことは、東洋医学が実数という大小関係に価値を見出していないという事実です。

では、測定行為を行わない東洋医学は、何をもって分類行為をしているのでしょう。分類行為は、それを行うヒトの複雑性に依拠しているのでないかと想像します。複雑過ぎて生のままに理解できない現実世界に属する対象から、価値ある情報を引き出すには、別の複雑な存在を差し向ける必要がある。そう仮定しているように思われます。

「ヒトは複雑な存在」、「ある複雑な存在と別の複雑な存在の共感的な作用から、新たな価値が生じる」、東洋医学はこうしたことを公理としているのではないでしょうか。

ヒトの世界モデルは暗黙に単純化されているため、複雑な現実世界ではアテになりません。複雑な現実世界に属するヒト自身の複雑な身体や主観性を差し向ける必要があります。「考えるな、感じろ」というわけです。

その他の公理について判断する知識や経験を持ち合わせていませんが、東洋医学の営みに抱く個人的な印象としては、「その場、その時、その人」という現在性や当事者性を重んじ、場所や時間や主観性を不問にする客観性には価値を見出していないように思われます。

したがって、否定語を伴う客観性の公理を採用することで科学的な営みが必然的に考慮の外に置いた自然治癒力や薬理学的プラセボ要素についても、東洋医学では特段の分別を行わず重要な要素として扱っているはずです。

また分類行為を2次元的に行うのは、現実世界の複雑性との兼ね合いにおいて、1次元では表現力が乏しく、3次元以上では客観性が欠けてしまうトレードオフを考慮した結果と感じます。複雑な現実世界を2次元で表現することなどできないけれど、伝承する必要から2次元で虚構的に表現せざるを得なかった。そんな風に感じています。

西洋医学と東洋医学

科学に依拠する西洋医学は、科学の証明論をそのまま疾病に適用することで、ヒトの世界モデルである実の世界に極めて大きな価値をもたらしました。対象が複雑でなく、単純であればあるほど、科学の証明の確からしさは増します。ヒトではなく、細菌などの比較的単純な生物を対象とした場合に、非常に効果のある操作行為を見出すことに成功しました。しかし、対象が複雑であればあるほど、ヒトの世界モデルと現実世界の複雑さに差があればあるほど、操作行為の切れ味は鈍くなっているようです。

科学が依拠するところの合理主義思想が二元論を採用しがちなのは、二元化した一方を現実世界の複雑さの一部として覆い隠し、他方を客観性のある対象として抽出してしまえるからです。健康を隠すことで、疾病を操作の対象として明確化したように。心を隠すことで、体を操作の対象として明確化するように。心とは、体に対象としての客観性を付与する時、複雑なヒトの複雑な部分を覆い隠すため、「体ではないもの」として創造した説明原理でしょう。

西洋医学が力を発揮し得るのは、ヒトの世界モデルと現実世界の複雑さに大差がない時に限られます。科学を営むヒトは無意識に、複雑な現実世界に属する客観的な対象や操作行為のうち、実数と単位系を用いて測定行為が可能な対象や操作のみ取り扱おうと考えてしまいます。心を対象とする精神医学の困難は、心身二元論的な発想から必然的に導かれます。体を客体化する時、ものさしで測定できない心は、説明不可能な複雑さそのものなのです。

しかし精神医学は、と言うより、むしろ利益という経済的価値に駆動された製薬事業の営みは、心の複雑さから意識という機能の複雑さを隠し、脳という物質を対象として明確化できたと社会に信じさせることに成功しました。複雑な心の複雑な部分を意識として覆い隠し、脳を客観的な対象とする方針は極めて合理主義的発想です。ただし、その成果は限定的です。脳に対する薬物的な操作行為が精神医学の達成点ですが、向精神薬は抗生物質のような明確な効果を発揮できません。脳という物体は、依然として複雑だからです。

一方で東洋医学は、複雑な現実世界を、複雑なままに扱おうとしているように思われます。行為の具体例として日本で広く実施されているのは、漢方、柔道整復術、鍼、灸、あん摩でしょうか。現代ではこれらの施術にも、科学的な色彩を帯びた説明が試みられています。しかし、科学的な証拠は提示できません。そもそもの発想が異なるためです。科学が依拠する実数の大小関係は、実数体を公理としない東洋医学には適用できないのです。

こうした東西思想の考え方の違いは「無知の知」の実践法の違いとして捉えることができるかもしれません。合理主義思想は、対象のあり・なしという明確な差異を設定することで、「無知」なる対象から新たな「知」を引き出す科学の方法を確立しました。一方で東洋思想は、「無知」とする対象を自らの外のみならず内にも向け、内なる「無知」を信頼し、外の「無知」を体験することで、新たな「知」が引き出せることを確信している。そんな風に捉えられるかもしれません。

科学と東洋思想

科学の営みを一般化すれば、複雑な現実世界の中に客観性を有した存在を見出し、その存在を客観的な対象と信じ込み、測定行為や操作行為、評価行為によって、対象に関する理解を深めようとする試みです。しかし、この営みが始まった途端、対象は科学で扱えるものと扱えないものとに分かれるようです。

それは、「複雑な現実世界の中に客観性を有した存在を見出し、その存在を客観的な対象と信じ込」んだ瞬間、対象と非対象が存在する価値体系を創造してしまうためです。例えば科学の営みとして疾病について理解を深めたい時、疾病を客観性のある対象と信じ込み、非疾病を健康と定義すれば、健康を扱うことはできなくなります。

ところで、この論理を逆にして、健康の客観性を認め、非健康を疾病と定義しても何ら問題なく成立します。なぜヒトは、論理的に等価な二者のうち、疾病の方を客体化するのでしょうか。

一つの要因は、通常と異常という状態に対する脳の認知が異なるよう進化したことでしょう。生存の可能性を高めるには、異常さに焦点を当てた方が妥当なはずだからです。

またもう一つの要因として、科学の営みが現実世界のあり方そのものに規定されていることが挙げられます。科学の営みは、実証的な差異の探求です。差異とは非対称性のことだと、硬貨と折り鶴のイメージを用いて説明しました。非対称性には、様々な次元があります。無を無限大の対称性と見做す時、無の対極に置かれる非対称性は複雑さとして認識されるでしょう。現実世界の複雑さとは、多次元複合的な非対称性のことです。科学の営みは、現実世界が有する非対称性の次元によって規定されている可能性があります。

疾病は健康よりも非対称性が高く複雑な概念に思われますが、よく考えてみれば、健康のすべてを綴った架空の書物『健康大全』は、生理学や解剖学だけでなく、生物学、化学、物理学のすべてを詰め込んだ大変に複雑な代物です。科学はこうした低次の非対称性にあえて目をつぶることで、健康という概念を基点と設定し、より高次の非対称性を持つ疾病を探求する営みを新たに開始できたのです。

低次の非対称性を公理化して基点に設定し、新たな学問としてより高次の非対称性を探求する構造は、あらゆる科学の研究分野に認められます。結果的に各研究分野は、その営みに二方向性を有します。

一方は、対称から非対称へ向かうものです。当該分野において見出される非対称性を説明原理として公理化し、技術として応用したり、高次の非対称性を探求したりする新たな分野の創造を目的とします。目的駆動型の応用研究と言い換えることができます。

もう一方は、非対称から対称へ向かうものです。当該分野の統一原理を追究したり、説明原理として覆い隠した低次の非対称性に対して追究したりします。低次の非対称性が前提される高次の非対称性を根底から覆す可能性を秘めた基礎研究とも換言できるでしょう。

例えば化学は、物理学を公理化しています。化学は、単純なものから複雑なものへと順に分子の性質を明らかにし、生物学や工学などの公理として新たな技術や学問分野の基礎となります。同時に化学は、複雑なものから単純なものへ、原子や分子の挙動を定める原理を追究し、物理学を規定しようとします。化学を公理化する生物学にも同様の説明が可能でしょう。科学において創発が生じる境界を、公理化に基づく学問分野の階層構造における階層ごとの境界、分野追究の極限として定義できます。これは、現実世界が有する非対称性の直交次元と合致するはずです。

さて、科学は「科学には説明できない事柄がある」ことを認めていますが、「まだ科学には説明できていない」という未遂状態と「科学には説明することが不可能」という不可知性を判別できません。

プラセボ要素は、こうした科学の営みの最前線に鎮座まします存在です。なぜなら、常に、科学の最先端が突き止めようとする「まだ科学には説明できていない」と「科学には説明することが不可能」の境界にプラセボ効果の原因たるプラセボ要素を見出し得るからです。

西洋医学が心と体の二元論を採用して、体を対象としたがゆえに心を重視しなかったこと、さらに心を対象とした精神医学が意識と脳の二元論を採用して脳を対象としたがゆえに意識を重視しなかったことを説明しました。プラセボ要素の科学研究は、今、主に脳を対象としています。

科学とはやや距離をとる、医療や心理学、現象学といった客観性よりも主観性を重視する実践的な価値体系においては、期待や信頼として言明される意識現象についても研究が為されています。

一方、科学的に確立された方法論を適用するためには、何らかの客観的対象を見出さなければなりません。複雑な現実世界における複雑な部分の意図的な無視が、対象の客観性を信じ込む根拠となります。プラセボ要素研究が意識を無視して脳を対象とした結果、数々の知見が得られ、今なお盛んに研究されています。しかし、プラセボ要素とは何かという問いに直接的な回答は得られません。意識を無視しているためです。科学の営みがプラセボ要素の追究を望むなら、複雑な意識現象を選り分けて、何か客観的対象を見出す必要があります。それができたとしても、最終的にはカオス理論や複雑系理論が対象とする複雑性そのものと対峙せざるを得なくなるでしょう。

人工知能研究という、意識をも対象として含み得る研究が参考になるかもしれません。人工知能研究における重要な要素は、ネットワークと学習です。ネットワークの価値の一つは、複雑であることです。また、学習は複雑な現実世界を対象とするものです。どちらも、複雑な現実世界に属する複雑な存在や概念です。どちらかを客観的な対象として扱う科学の方法論は、ここに至って役に立たないかもしれません。

しかし、十分に信頼できる複雑なネットワークは、複雑な学習体験を通じて、何らかの価値ある情報を引き出すことができる。そうしたことを、人工知能研究は見出したのかもしれません。本章の冒頭で紹介した脳をベイジアンネットワークと捉え、プラセボ効果をベイジアンネットワークの性質とする解釈は、プラセボ要素研究の新たな展開を予感させます。

また、人工知能研究においてネットワークと学習から価値が生じているように、複雑さと複雑さの共感的な作用から価値を見出すのは、東洋医学的な発想として先述しました。

科学的な営みを極めると、東洋思想が見出されるのかもしれません。

ところで、科学のきっかけは「複雑な現実世界の中に客観性を有した存在を見出す」という、極めて高度な精神活動です。科学的ではあり得ない発想です。科学が始まる時、そこには複雑な現実世界と、複雑な主観性の共感的な作用がなければなりません。科学的思考において重視される観察行為は、東洋思想的な精神活動を基礎としているのではないでしょうか。

科学の始まりに東洋思想があり、科学を突き詰めた先に東洋思想を見出す。この見立ては、統合医療の実現に向けた取り組みにおいて希望の光となるかもしれません。

統合医療の洗練

公理の違いは公理系の違いを決定付けます。しかし、並列する公理系同士の優劣を公理系の内部では決定できません。平行線に関する公理が異なる「ユークリッド幾何学」と「非ユークリッド幾何学」は、どちらが正しいわけでもありません。囲碁と将棋のどちらかが正しいわけでもありません。それぞれに異なる公理を採用した、別の論理体系としてあるに過ぎないのです。

科学に依拠する西洋医学と、そうでない東洋医学を、科学で評価するのはフェアではありません。西洋医学と東洋医学に何らかの優劣がつくと考え、それを判定したいと願うなら、優劣判定の根拠としては科学以外の価値体系を参照すべきです。

科学という客観的な基準に価値判断を求められないとすれば、どのような価値体系を参照すればよいのでしょうか。

まず、生物としての身体に備えた非言語的な価値体系として、快と不快の原理に基づく感情が挙げられます。また言語を用いて構成され社会的に認められた客観性のある価値体系として、貨幣経済があります。さらに、文化的な価値体系である真・善・美などが参照される可能性もあります。

現代社会が合理主義と科学と西洋医学を重視し、東洋思想と東洋医学を軽視する傾向にあるのは、快としての「知」に至るアプローチの違いに依っているのかもしれません。東洋医学の実践として自らの複雑な身体を投じる体験には、とても時間がかかります。何も分からない状態で、それでも飛び込まなければならない特徴さえ持っています。資本主義という公理系が定める価値判断から、時間を基準とした効率化が善とされる現代で、東洋医学が軽視される傾向にあるのは仕方がないのかもしれません。

東洋医学の価値についての再考を促し、西洋医学や科学を相対化すること。こうした目的を実現しようとする統合医療は、これまで説明してきたような公理主義的な現状理解が必要不可欠です。資本主義が合理主義に基づくものであれば、経済と科学に親和性があるのは公理的な類似性によるものかもしれません。そうであれば、東洋思想や東洋医学の評価を、経済に委ねるのは分が悪いでしょう。文化的、感情的価値を開発し、深耕する必要があります。

二元論を基礎とする合理主義思想に証明概念を取り入れたのが科学であり、科学に疾病概念を取り入れたのが西洋医学だとしました。東洋思想に疾病概念を取り入れれば東洋医学になるはずですが、はたして東洋医学は疾病や健康に関するどのような公理を持っているのでしょうか。あるいは、東洋思想とはどのような公理系なのでしょうか。統合医療の取り組みが真っ先に始めるべきは、そうした検証作業です。

ヒトの世界モデルと科学は実数という数の体系を共有し、現実世界と東洋医学は複素数という数の体系を共有している可能性。プラセボ効果という語彙は、ヒトの世界モデルで現実世界の現象を単純化して説明するために生じた可能性。現実世界の複雑性に利用価値を見出す東洋医学では、プラセボ効果という語彙が不要だった可能性。そうした可能性に気付くきっかけとして、プラセボ効果は重要です。

トランプゲームを現実世界に見立てれば、統合医療の洗練について以下のように示唆できるかもしれません。科学は、トランプが持つ情報のうち、数字の客観性を公理とし、非数字を基準として１次元の価値体系を構築します。非数字のカード、すなわちジョーカーをゼロとし、ゼロと数字の差異によってカードを評価します。一方、東洋思想では、１次元に還元できないカード自体とマークの色や形に注目します。カードの表裏。赤と黒。ハートとダイヤ、スペードとクラブ。そして、ジョーカー。こうした分類を行い、数字には関心を示しません。科学と東洋思想、いずれかの観点のみで構築できるゲームは面白みに欠けます。両者の情報が揃えば、より豊かな体系を持つゲームを生み出せるでしょう。

プラセボ効果について考えることから公理主義的な理解が深まり、統合医療が洗練されることを期待します。

プラセボ効果とノセボ効果

プラセボ効果は、ヒトの認知バイアスがもたらす現実と想定の差異であり、想定を現実に沿わすために創造された仮想的な原因としての説明原理です。プラセボ効果に関する科学的に妥当な評価は、プラセボ効果について科学的には言明できないという否定的なもの。しかしヒトは、プラセボ効果と呼ぶ現象の内に何らかの基準で差異を見出し、プラセボ効果とノセボ効果を使い分けています。科学で評価できない事象について、どのような価値判断がなされているのでしょうか。

客観性に基づく科学は、その営みから生じた情報について、主観に基づかざるを得ない善悪などの判断をしません。疾病を客観的な対象とする西洋医学もまた、疾病の善悪を判定しません。では、西洋医学の営みから生じた説明のつかない事象について、何がプラセボ効果とノセボ効果の判別を可能にするのでしょうか。

それは、ヒトの欲望です。西洋医学では説明不可能な事象に接した時、ヒトは科学とは別の、複数の価値体系を参照します。参照した価値体系の中から適切なものを選び取ることで初めて、その事象が望ましいと判断した場合にプラセボ効果と定義し、望ましくないと判断した場合にはノセボ効果と定義できます。

何らかの価値基準を定める公理系は、医学や科学の営みから生じる事象を評価の対象とすることができます。私たちは医学や科学に、あるいは人生に、何を望むのでしょうか。恐らくは真っ先に基礎的な判断基準として、感情という非言語的な価値体系を参照し、快という価値を望むことになるでしょう。さらに、快でも不快でもないものとして生物が巧妙に無視している何かに価値を見出し、言語的な価値体系を創造して参照することになるはずです。

「不快は解消すべき」は、生物としての欲求に根差しています。「不快は、疾病として客体化できる」は西洋医学の公理ですが、「不快な疾病は治癒すべき」は公理ではありません。科学や西洋医学は「すべき」といった主観的判断を忌避します。ただし、医療という社会実践的な公理系は、それを公理としているでしょう。「不快な疾病は、できるだけ安価に治癒すべき」は、さらに経済という公理系を参照した価値判断が加わっています。もし「高価な治療法は、不快な疾病を治癒する効果が高い」という価値判断があれば、安価であるという特徴は効果の低さと判断されてしまうかもしれません。

公理主義的なプラセボ効果とノセボ効果の説明は、医療を実践する難しさの一因として、様々な価値体系が交絡していることに気付く端緒となります。疾病とは何かを西洋医学は教えてくれるでしょう。しかし、疾病をどう扱うかは、また別の価値体系を参照して決定しなければならないのです。

価値体系の価値というメタな発想をする時、欲望とは、価値体系ごとの価値を見定め選び取る営みです。メタ価値体系の例は、経済です。経済は実数の大小関係を用いた価値体系の比較軸を貨幣という形で提供し、社会の基礎となります。貨幣はまた、他者と共有して比較可能な客観性があり、社会の構成要員に対して価値を交換する機能をも提供します。社会的な価値判断において経済や科学が強みを発揮するのは、それらが客観性を公理とし、なおかつヒトの世界モデルに合致した実数をも公理に含むためです。

また公理主義的なアプローチは、これまでに説明した論理体系以外にも適用できます。本書で触れた例を挙げると、信用を基礎とした健康観や、社会的な法律、政策決定プロセスなども公理系として捉えることができます。こうした論理体系は、価値の体系として、何かを決定する際の判断基準として利用されます。

社会的な決定プロセスにおいては、実数を用いる客観的な経済や科学が重視されると述べました。経済や科学では割り切れない事柄を、社会的にどう決めるべきでしょうか。現代社会という公理系が採用するのは、割るという算術操作を許さない自然数に基礎付けられた政治という価値体系を参照するルールです。政治は現代社会のものさしです。よく見ればその目盛には、有権者の名前が一つひとつ刻まれているかもしれません。

言語に基づき構成される公理系は価値体系であり、すべての価値体系において、無の扱いは特別にならざるを得ません。無は、肯定的な言明と評価ができず、それでいて、すべての価値体系において何らかの形で存在しているためです。当の価値体系において価値がないこと、価値がないように見えることは、どのように扱われ得るのでしょうか。

科学の営みが基準点とするために無と想定されがちな偽薬の服用行為やプラセボ効果は、法律や政策決定プロセスなど、科学を参照する複数の論理体系において公理的な扱いを受けざるを得ません。しかし、どのように扱われるべきか自明ではありません。無の扱いについての困難さを超えて、偽薬やプラセボ効果を社会実装する取り組みには、やはり公理主義的な発想が必要不可欠です。

社会が内に抱える複数の公理系は、そのいずれも、どのようなルールがあるかを明示しないまま運用されています。本章で西洋医学や東洋医学に対して実施した公理主義的アプローチは、公理系の違いを公理の違いとして言明できる可能性を切り開いてくれるはずです。より良い社会のあり方を、新たな公理の導入が究明可能にするかもしれません。

複素効理論

ここまでの公理的説明から、現代社会が非常に重視する科学を否定することなく、複素効理論を導いてみましょう。複素効理論は、科学に依拠しつつ、科学にはない新たな公理を採用した公理系です。

複素効理論という新たな公理系を構築する試みは、数学における公理的集合論の議論を参照しなければなりませんが、数学的に厳密な議論は僕の手に余ります。こうした時に有用な方法は、どんどんルールとしての公理を作り上げることです。公理は、当の公理系においては証明することを求められず、その運用から知見や矛盾を見出すことしかできないものなので、都合良く公理を設定して他者からの指摘を待つことができます。

さて、科学に説明できない事柄とは、客観的な対象や行為が実際のところどのようなものであるかでした。説明できない事柄については、沈黙を守るのが科学です。一方、複素効理論は、科学に説明できない事柄をも説明してしまうことを目的としています。

ここで、複雑な現実世界を全体集合とする時、科学が扱おうとする対象や行為はすべて部分集合であると考えます。客観性とは、その部分集合の要素が有限個だと見做せること、と言い換えできます。要素が有限個であれば、有限回の操作で部分集合同士の同一性を判定できるからです。なお以下の説明では、科学が扱う部分集合を単に「集合」と表記します。

科学は、対象や行為の客観性をルールとして要請します。また科学に依拠する公理系は、対象や行為を表す集合の要素が有限個だとする見做し行為を、客観性の公理として採用しています。公理として採用するとは、その見做し行為が正しいか否かを当該公理系では不問にするということです。複雑な現実世界に、要素が有限個だと見做せる集合を見出して構わないとルールで認めてしまうわけです。

ただし、科学では集合の要素がどのようなものであるかを言明しません。集合の要素については黙して語らずが科学のルールです。対象や操作を表す集合の要素がどのようなものか分からずとも、集合の要素を有限個だと見做すことさえできれば、集合同士の関係性についての言明から、客観的な因果関係という価値ある情報を引き出せることを示したのが科学です。

複素効理論は、集合の要素についてのある公理を採用します。集合の要素が実際のところどのようなものであるかという問いに対し、「集合の要素は、それぞれ複素数として表現できる」という公理を採用して答えとします。

また客観的な対象は、集合の要素の総和によって、ある一つの複素数として表現できると仮定します。さらに、客観的な操作行為を集合の要素により表現可能な関数だと仮定します。単純化するため、操作行為もまた要素の総和によって一つの複素数として表現し、操作行為を表す複素数と、操作される対象の複素数との積を関数と考えます。

こう仮定して導かれるのは、複素数として表現可能な対象に、やはり複素数として表現可能な操作行為を施した場合に、積として複素数が得られるということです。そして、結果として得た複素数の実数部分は、対象と操作行為の実数部分の積とは異なることです。この差異こそが、現象としてのプラセボ効果です。

複素数として表現し得る性質を見出すべき対象の具体例として、「疾病」と「非疾病」という二つの要素のみを有する「患者」を考えてみましょう。なお、疾病や非疾病もまた何らかの要素を含む集合です。

個々の患者にはそれぞれ個性があり、同一性が求められる客観的な対象とはなりません。しかし、複数の患者を要素とする「患者集団」を考慮することで客観性が増します。このことは、患者ごとの個性が多様であることに担保されています。多様な個性を足し合わせれば、全体として個性的な要素は相殺され、平均的な要素のみが強調されるためです。

科学は、患者集団において疾病の平均像が浮かび上がることを期待します。つまり、疾病に含まれる要素の測定結果が正規分布に従うことを客観性の公理として仮定します。この時、非疾病に含まれる要素の測定結果に関する確率分布は何ら問われません。そうした要素は、科学という価値体系から単なる差異の基準として捨象されてしまうからです。

集合としての疾病・非疾病。これらの要素の測定可能性。さらには測定結果が正規分布に従う・従わないという属性。科学が対象としているのは、「疾病に含まれる、測定可能で、正規分布に従う要素」のみです。「疾病に含まれる、測定可能で、べき分布に従う要素」や「非疾病に含まれる、測定不可能で、べき分布に従う要素」などは対象としません。同一患者集団に対する操作行為の前後、および同一と見做せる患者集団間の測定結果の差異を表現する際に捨象できるよう条件統制するからです。

プラセボ要素は、科学の対象に影響を及ぼし得る要素のうち、科学が対象としないもののすべてです。例えば、ある患者のみが個性として持つ要素が非線形なカオス的振る舞いを見せれば、疾病に対する劇的な変化が生じ得ます。また、患者に対する操作行為としての薬剤投与に含まれる要素のうち、施療者や剤型、医薬品といった非薬理学的要素も患者に影響を及ぼし得ます。しかし、これらの変化の原因を科学という価値体系では評価できません。別の次元が必要です。この別次元を虚構的に虚数として表現し、疾病と非疾病を要素とする患者や、薬理学的要素と非薬理学的要素を要素とする薬剤投与行為を複素数として捉えるのが複素効理論です。

科学は公理的に基準を設け、基準との1次元の差異を重ね合わせて多次元とすることで現実世界の複雑さを表現します。ただし、科学の営みが捨象する要素に注意を払う必要があります。複素効理論において採用する公理はいずれも、集合の要素について何ら条件を設けない科学の営みを縛るものです。新たに条件を設ける公理を採用した公理系は一般に、意見を先鋭化させ、実践可能性と説明力を高めます。患者集団から見出される患者の平均像と実際の患者の差異を考慮する時、個々の患者が持つ複雑さは虚構的に説明せざるを得ないのではないでしょうか。

無を無のままに扱おうとする物理学が混迷を極めていること。数学が空集合という概念を公理とすることで無を巧妙に避け得たこと。科学の営み自体や科学の実証性などの性質は、集合論的に表現できる可能性があること。東洋医学が分類に用いるイメージを2次元の体系で表現すれば、科学に依拠する西洋医学との統合を検討できる可能性があること。
人工知能は、高次元かつ多次元の差異の体系からヒトよりも的確に価値ある情報を引き出せる可能性があること。

こうした事例を深く追究すれば科学や統合医療についてより豊かなイメージを描像できるかもしれませんが、本書の範囲を逸脱していますので、ここで止めておきます。複素効理論の数理的表現を求める試みが、プラセボ効果の有効活用を推進するという目的を超え、現代医療のこれからのあり方を考えるきっかけになればと思います。

第8章　持続可能な社会を偽薬がつくる

あなたの健康のため将来にツケを回すか

プラセボ製薬では、偽薬の活用による医療費の低減を経営理念に掲げています。医療費低減という大義を錦の御旗に、偽薬を売り込んで利益を得ようとしている、と言い換えてもよいかもしれません。いずれにせよ偽薬の活用は、持続可能な社会を構築する上で絶対に必要なことと確信しています。

将来世代に負担を先送りせず財政的に可能な範囲で最大限の医療サービスを提供すること。これを実現するのに最適な方法は、医薬品と同等な偽薬の使用であり、統合医療などを含めたプラセボ効果の活用であると信じています。

現在の医療財政制度は、制限なく給付した分に後から支払いを行う給付先行型であり、持続可能性がないと批判されています。制度を持続可能とするための方法は限られています。

一つは今よりも給付する医療サービスを減らすこと。あるいは今よりも税や公的保険料の負担を増やすこと。または、その両方を実現すること。今現在採用されているのは、薬価改定による製薬会社の利益召し上げを除き、給付に合わせて負担を増やす方針です。給与から天引きされる保険料の料率は漸次増やされてきましたし、消費税も大幅な増税が必要とされています。しかし、負担増には限界があるため、給付先行型を続けながら持続可能性のある制度を構築することはできません。

こう考えるべきではないでしょうか。サービスの提供は、負担可能な財源の範囲に制限しましょう、と。給付の削減が個々人の人生のクオリティを引き下げる可能性はあろうとも、制限のある所に工夫は生まれると僕は思います。偽薬の使用を含むプラセボ効果の活用は、その工夫の一つとなり得ると確信しています。

赤字国債に依存する現在の医療財政制度を「医療費の支払いに充てるため、子どもや孫の財布に手を突っ込んでいる」と表現することがあります。直感的には許されない実態があることを、どのように正当化すればよいのでしょうか。

正当化する論理として妥当なのは、価値提供の対価として将来世代から報酬を受け取っているというものです。どのような価値を提供しているのかと言えば、それは恐らく社会実験のデータを作り出すという価値です。もっとあからさまに、人体実験の実験台となり人体の神秘に迫り得る貴重な科学的データを提供しているから、相応の対価として医療サービスという現物の給付を受けているといった方が分かりやすいかもしれません。

と言っても、給付に見合う科学的なデータは提供できていないように思われます。現在の医療は、患者の権利への配慮が行き届き過ぎているためです。乱暴な言い方をするなら、給付に見合う科学的なデータを後世に残すためには、臨床研究における倫理規範を示すヘルシンキ宣言は無視し、患者の権利をもっと制限しなければなりません。為すべき医療行為について、患者に選択肢を与えてはなりません。科学的検証の結果として当然起こり得る死に対し、異議を唱えさせてはなりません。科学と倫理が衝突する時、常に科学が優先されなければなりません。ウルシの葉により人為的にかぶれを引き起こす試験や、お腹をどれだけ冷やせば確実に下痢症状を惹き起こすかを確認する試験さえ提案され実行されなければなりません。仮想現実の世界でも、ありとあらゆる刺激を与えて反応を観察しなければなりません。そうでなければ、将来世代から受け取っている報酬に見合う価値を提供できません。

このような暴力的な科学の追究を、私たちは本当に望んでいるのでしょうか。将来世代も、自らは求めてもいない膨大な人体実験データと多大な借金を押し付けられた時、それを気持ちよく活用できるでしょうか。きっとそうではありません。現在の医療制度が患者の権利を尊重し科学よりも倫理を重視するのは、それが正しいと多くの人が考えているからです。

赤字国債の発行を将来世代からの実験委託という論理で正当化するのは無理があります。「医療費の支払いに充てるため、子どもや孫の財布に手を突っ込んでいる」という現状そのものが、正当化しようもないほど間違っているのです。将来にツケを回すことなく負担可能な範囲での給付に制限することでしか持続可能性は獲得できません。

公的医療保険を活用して医療サービスを受けようとする人にこう尋ねなければならない世界が、もうすぐ目の前に迫っています。

「あなたが求める健康や生存期間の延長は、将来世代へ負担を押し付けてでも得なければならないものですか？」

「『我々の健康と長寿を願い、将来世代のみんなは喜んで保険料を負担してくれる』と思われますか？」

誰もそんなことを尋ねたくはないでしょうし、答えたくもないでしょう。

医療の問題を世代間格差の問題にすり替え、世代間の分断や闘争を煽る気はありません。しかしながら日本には、様々な形で至る所に世代間格差増幅装置が埋め込まれ、日々是順調に運転しているようにも思われます。そしてこの装置の最も面白い特徴は、この装置自体が生み出す世代間格差そのものを燃料としていることです。ただし、永久機関としてではありません。自分自身を焼き尽くしながら、短い生命を華々しく全うするため……。いつまでたっても消えず、何処からともなく、ずっと下の方から立ち上がってくる煙に怯えて暮らすより、今の今、燃料の投下を止めるべきだと僕は思います。

健康保険財政の問題は、この国に存在する財政問題の一分野に過ぎません。しかしこの特殊な分野では、年金財政などとは異なり、積極的解決策を講じられるだろうと思います。未来に実現することが期待される先進医療などではなく、今あるものを最大限活用することを検討しましょう。今手元になく、将来手に入るかもしれない何かで現状を肯定することは個人レベルではともかく、社会制度設計の前提としては無理があります。例えばがんや認知症の根治薬や根治療法が発明されることを前提として医療費負担を減らす未来を描くことはできないということです。

私たちの社会ができるのは、コストパフォーマンスを勘案しながら、今あるものをうまく活用することだけです。偽薬は今あるものであり、コストパフォーマンスを勘案すれば、積極的に活用していけるものの一つであると思われます。ハイパフォーマンスを約束する「夢の〇〇」は、それが実現してからじっくり吟味すればよいかと思います。

また、高齢者の健康に対する不安を抑え、自信を持てる社会にしましょう。健康観を自覚的に捉え、より良い健康観を提案しましょう。ヒトは自ら創造した虚構をアップデートすることで、遺伝子の変化を伴わずに世界モデルの変革を為し遂げることができる唯一の動物種です。健康に関する良し悪しの基準も改めることができるはずです。健康に対する自信の源は自分という存在や身体に対する信頼であり、この信頼を高めてくれる考え方を良きものと捉えましょう。

そこには、偽薬の役割もあるのではないかと考えます。偽薬が効果を発揮する時、効果を生み出した主体はその人、その身体に他なりません。プラセボ効果を身近なものとし、自らの身体に対する信頼感に結び付けることができたなら、必然的に健康観は変容するでしょう。それはきっと、良き変化であるように思います。自分という存在に対する信頼感の醸成を目的とした解釈により達成する健康観の変容は、医療に対する負担を軽減させると信じます。

プラセボ効果の有効活用

医療制度の持続可能性について考えるため、あり得る未来の参照点を想像してみましょう。どのような医療制度が持続可能であるのか。その答えの一つは、逆説的ですが、財政破綻が生じた時に目の前に現れる医療制度でしょう。現状が持続可能でないのであれば、持続可能な制度は現状と財政破綻状態のそれとの間のどこかにあるはずです。

プラセボ効果の研究に関しては、一つの逸話があります。「強力なプラセボ」という論文により脚光を浴びたヘンリー・K・ビーチャー医師は、ある種の破綻状態の中でプラセボ効果を見出したのです。ビーチャー医師は第二次世界大戦中、アメリカ軍の戦時病院で負傷兵の治療に当たっていました。しかし戦時病院の常として、医薬品などの物資が不足します。鎮痛剤のモルヒネは払底してしまいましたが、痛みを訴える負傷兵は次々と担ぎ込まれてきます。

ビーチャー医師はこの状況で、ただの生理食塩水を鎮痛剤といって注射するという看護師の提案を受け入れます。苦肉の策でした。止むを得ない処置でした。せめてもの慰みとして、偽の治療を行いました。すると、予想に反して負傷兵たちは次々と痛みの軽減を訴えます。鎮痛剤と偽って注射された生理食塩水は、どうやら負傷兵たちに鎮痛効果をもたらしたようなのです。この驚くべき現象を目にしたビーチャー医師は戦後、プラセボ効果について検証し、「強力なプラセボ」という論文を世に問い、プラセボ効果を広く知らしめることとなりました。

偽薬の効果は、ある種の破綻状態において見出され有効に活用されました。財政破綻状態において可能な医療を考える時、この逸話は一つの参考すべき事例であるように思われます。偽薬の有効活用が財政破綻の回避を可能にするのか、はたまた財政破綻状態における医療制度において活躍の場を見出すのか。それは分かりません。いずれにせよ、偽薬とプラセボ効果の有効活用を検討する時期は、まさに今です。

有効活用を推進するプラセボ効果の解釈として紹介した複素効理論は、プラセボ効果を定量的に把握しようとする試みです。複素数のアナロジーでプラセボ効果を解釈するのは、複素数という概念が、直感的に理解も説明もできない虚数という新たな概念を既存の理論体系と矛盾なく整合させた稀有な例だと思われるからです。定量性と視覚化は非常に大きな意味を持ちます。

患者を個人としてクローズアップするオーダーメイド医療について考えてみましょう。

現在オーダーメイド医療の主流は、遺伝子情報に基づくゲノム医療と呼ばれるものです。遺伝子は実体的に観測可能であり、その人自身を表す非常に価値ある情報です。

一方、複素効理論に依れば、プラセボ効果は虚数的な情報であり観測ができないものの、複素数的存在である人間に作用して実数的に観測可能な状態の変化を導くものと捉えることができ、オーダーメイド医療に応用ができるかもしれません。

例えば、偽薬の投与、手技的療法、アロマテラピーなど、プラセボ効果が治療効果につながりやすいと思われる三つの療法を治療に先立って実施します。次に、そこで観測される状態の変化をゲノムのようなその人固有の情報と捉え、近代西洋医学に基づく治療を含む各種療法による治療の成果をデータとして結び付けます。この情報を多数蓄積し、プラセボ効果による変化の情報と治療成績の間に関係性を見出すことができれば、どのような治療が適切かをＡＩにより判断・予測させることが可能になるかもしれません。

統合医療を志向するのであればオーダーメイド医療も複合的に考える必要があります。その人にとってプラセボ効果がどのような意味を持つかを判断する上で、プラセボ効果を作用させて得られた情報以上のものはありません。

もう一つ統合医療への応用例として、患者が自らの病を人生上の出来事として意味付け、自身の物語として主体的に語ることが治療となり治癒へ導くというナラティブの考え方があります。ナラティブという発想において治療者は、患者の語る物語に耳を傾け、専門的な見地から解釈し、治癒へ向かう新たな物語の道筋を見出す手助けをする存在です。

複素効理論により把握される患者個人の性質は、どのような物語が治療となり、治癒へのきっかけとなるかを予測するかもしれません。もしそうしたことが可能であれば、治療者が人間であるか否かは問題にならないでしょう。つまり、複素効理論により把握されたデータに基づき適切な物語の型を提供できるＡＩ物語師、ナラティブＡＩを開発できるかもしれません。

公理主義的な小売業者が期待すること

複素効理論を導入する目的は、偽薬やプラセボ効果の有効活用を推進することでした。科学には説明できない事柄があり、まだ説明できていないという未遂状態と判別がつきません。もしかするとプラセボ効果は、まだ説明できていないだけで、いつか科学的に説明できてしまうのかもしれませんが、未来のことは誰にも分かりません。

科学では説明できていない事柄の価値を全く評価しないという態度は、科学以外にも様々な、豊かな価値体系を持つ人間社会において損失ですらあります。複素効理論は、できる限り科学的であることを望む方、あるいは科学を重視する社会のために、科学では評価できないプラセボ効果という現象を、虚数という概念を借りて説明してしまおうとするものです。

もちろん、疾病のみを対象としがちな科学や西洋医学より、患者自身を診ようとする東洋医学に共感する方にとっても複素効理論は有用です。プラセボ要素が実と虚の二元的な軸の一つを成すと考えれば、比較優位により、東洋医学を実践する代替医療の価値を主張することは容易でしょう。科学の信奉者を自任する人々に対しても、代替医療を含む統合医療の価値を判断する材料を与え得るのではないかと考えます。

加えて複素効理論は、プラセボ効果に関する物語に深みを与えることも目的としています。深みという3次元的な表現がそぐわないなら、2次元的な高みと言い換えてもよいかもしれません。偽薬業界に足りないのは、文化的高みや文化的低みです。自動車のカスタマイズ業界やオーディオ業界、あるいは健康関連業界がプラセボ効果により多様な文化を形成して経済を動かしているのとは対照的に、偽薬業界には文化と経済が不足しています。

語るべき言葉が抽象的で、多くの人を惹き付けるものとなっていません。業界内での派閥争いがほとんどなく、あっても単線的で、率直に言えば面白くないのです。もっと意味ありげな神学論争を喚起しなければなりません。

業界の振興には様々なプレイヤーの参画も欠かせません。偽薬を購入される方、あるいは医師、歯科医師、薬剤師、看護師、介護福祉士など、実際に使うことを前提に興味を持っていただける方は確実に増えています。複素効理論に限らず、偽薬やプラセボ効果の活用を進める理論の構築には、哲学者や科学者、医療関係者にも目を向けてもらわなければなりません。業界の拡大には政治家や官僚の後押しも欠かせません。もちろん、経済規模の拡大を担う企業や起業家、投資家にも興味を抱いてもらう必要があるでしょう。実のところ、すでに偽薬業界は盛況だという説もありますが、それでも。

本書の最後に、僕にとっての価値の基準を示したいと思います。

解決すべき問題は明確です。現役世代や将来世代に希望を提示しなければなりません。希望を提示するために今やるべきは、適正な負担と給付のあり方を提案・実行し、現役世代や将来世代の可処分所得を増やしつつ持続可能な社会を構築することです。

人類は虚構によって大がかりな社会の構築を可能にしたとする虚構史観の考え方が流行

しています。ヒトの本質が虚構を創造して共有する能力にあるのだとすれば、プラセボ効果という現象を虚構的概念で説明しようとする複素効理論という虚構にも、社会を変容させる力があると考えます。この変容は、偽薬を広く活用する方向へ向かうことを期待しています。

また、自身に対する信頼の度合いに基づく健康観を学問として扱う時、参照すべきはベイズ統計学です。脳がベイジアンネットワークであるなら、健康は、脳がベイズ推定により見出す主観的で虚構的な概念です。この主観的概念は、日常的に触れる情報によって更新される疾病確率推定機構と換言できるでしょう。医療制度を持続可能とするために、個々人における疾病か否かの無意識的推定を否に寄せる情報はどのようなものか。身体の主体性に基づく推論から、そうした価値ある情報が得られると確信します。

あるいは西洋医学と東洋医学の公理主義的な理解の深まりが、全く新しい医学理論と、想像もできないようなプラセボ効果に関する理論を成立させてくれるかもしれません。今手元にないものに期待するなかれと自ら戒めたにもかかわらず、これを期待したいなと思います。

複雑な現実世界を表現するためには、虚数を含む複素数が必要だと考えます。そもそも実数の実在すら自明ではありません。実数は、実践可能性を高めることを目的に、大小の客観的な比較を必要とする公理系において、公理的に定めなければならないものです。実数は現実世界の一側面であり、現実世界そのものではありません。当の価値体系にとって価値判断ができない事柄は、無ではなく、虚数として表現すべきです。すべての価値体系に虚数軸を。

また、価値体系を複素数平面で表現しようとする時、原点は無です。無はどの価値体系にも遍く存在する特異点です。これは、無を神とする「無神」論です。価値体系を表現する複素数平面は、完全に対称な無を中心とし、非対称性を基準とする軸を持ちます。大きな非対称性は、複雑さと認識されるはずです。なぜなら非対称性は、測定可能な実数軸を離れて測定不可能な虚数軸の方向へ浸み出し、予測不可能性を生じてしまうためです。本書は、偽薬業界に文化という価値体系上の非対称性、すなわち価値を与える試みです。

さらに現実世界のありようが、「無は無限大の対称性を有する」、「無は対称性の破れにより非対称性を生じる」、「対称性の破れから生じた非対称性は直ちに解消して無を生じる」、「ある非対称性は別の非対称性との共感的な作用から、同一次元の非対称性に変化を生じる」、「十分に大きな非対称性は、高次元の非対称性を引き受けることができる」という公理から説明できるのではないかと夢想します。

夢想を惹き起こす意識という現象は、本質的に複雑な概念です。意識は、複雑で語り得ぬものとして、「無知」の対象です。そして、複雑過ぎて理解することができない「無知」としての未来に対して、同様に複雑過ぎる「無知」としての意識を差し向ける時、僕は「知」としてのときめきを感じたいと欲望するものです。

さらに、社会経済的側面からプラセボ製薬を定義するならば、現在の社会と未来のあるべき社会の差異を利用した裁定取引で利潤を得ようとする営利組織です。あるべき社会は偽薬を活用する社会だと宣言することには、プラセボ製薬を代表する僕にとって営利的な意味があります。つまるところ、プラセボ製薬とは、偽薬を扱う公理主義的な小売業者なのです。ポジショントークは話半分に聴け。そのように学んできましたし、僕自身もそう思います。

しかし、それでも。もし誰かと偽薬とプラセボ効果の有効活用が必要だとする考えや公理主義的な発想を共有できるとすれば、それは僕にとって利潤の追求以上に価値あるものとなるように思われます。

参考文献

【書籍】
ハワード・ブローディ著『プラシーボの治癒力 心がつくる体内万能薬』(日本教文社、2004年)
広瀬弘忠著『心の潜在力 プラシーボ効果』(朝日新聞社、2001年)
チャールズ・サイフェ著『異端の数ゼロ 数学・物理学が恐れるもっとも危険な概念』(早川書房、2009年)
上杉正幸著『健康病 健康社会はわれわれを不幸にする』(洋泉社、2002年)
多賀洋子著『認知症介護に行き詰まる前に読む本 「愛情を込めたウソ」で介護はラクになる』(講談社、2011年)
『無の科学「何もない」世界は存在するのか』(ニュートンプレス、2018年)
『虚数がよくわかる 2乗してマイナスになる不思議な数』(ニュートンプレス、2018年)
『次元のすべて 私たちの世界は何次元なのか?』(ニュートンプレス、2019年)
飲茶著『史上最強の哲学入門』(河出書房新社、2015年)
飲茶著『史上最強の哲学入門 東洋の哲人たち』(河出書房新社、2016年)
ジェレミー・ウェッブ著『「無」の科学』(SBクリエイティブ、2013年)
安冨歩著『合理的な神秘主義 生きるための思想史』(青灯社、2011年)
佐藤典司著『複素数思考とは何か。―関係性の価値の時代へ―』(経済産業調査会、2016年)
梅棹忠夫著『情報の文明学』(中央公論新社、1999年)

【雑誌記事】
森山成彬著『くすりの治療のおけるプラセボ効果とノセボ効果』(『こころの科学』203号、日本評論社、2019年)

【論文】

Zeng Y他著「A voxel-based analysis of neurobiological mechanisms in placebo analgesia in rats.」（『NeuroImage』、２０１８年）

Ted J. Kaptchuk 他著「Placebos without Deception: A Randomized Controlled Trial in Irritable Bowel Syndrome」（『PLOS ONE』、２０１０年）

Scott M. Schafer 他著「Conditioned Placebo Analgesia Persists When Subjects Know They Are Receiving a Placebo」（『Pain』、２０１５年）

Eric S. Zhou 他著「Open-label placebo reduces fatigue in cancer survivors: a randomized trial」（『Supportive Care in Cancer』、２０１９年）

Ross R他著「Effects of an Injected Placebo on Endurance Running Performance.」（『Medicine & Science in Sports & Exercise』、２０１５年）

Waber RL 他著「Commercial features of placebo and therapeutic efficacy.」（『Journal of the American Medical Association』、２０１８年）

田中美穂他著「ある中規模総合病院におけるプラシーボ使用の現状と看護師の意識」（『生命倫理』、２００８年）

小松明他著「臨床診療におけるプラシーボ使用の現状：病院の病棟看護責任者に対する全国アンケート調査」（『生命倫理』、２０１０年）

田中美穂他著「臨床における看護師のプラシーボ与薬の実態に関する全国調査」（『日本看護倫理学会誌』、２０１０年）

中田亜希子他著「臨床業務におけるプラシーボ投薬に対するある３病院の薬剤師の意識調査」（『社会薬学』、２０１４年）

Ongaro G. 他著「Symptom perception, placebo effects, and the Bayesian brain.」（『Pain』、２０１９年）

BEECHER HK. 著「The powerful placebo.」（『Journal of the American Medical Association』、１９５５年）

【ガイドライン】

厚生労働科学研究・障害者対策総合研究事業「睡眠薬の適正使用及び減量・中断のための診療ガイドラインに関する研究班」および日本睡眠学会・睡眠薬使用ガイドライン作成ワーキンググループ編『睡眠薬の適正な使用と休薬のための診療ガイドライン』、２０１３年

あとがき

『僕は偽薬を売ることにした』という決意が生じた経緯は、僕自身にとっても興味深いものです。よくよく考えてみれば、決意につながる原体験は企画発案の遥か以前に遡ります。

僕が初めてパソコンに触れインターネットを活用したのは小学生の頃でした。中学校進学後はテレビゲーム好きが高じてプログラミングを趣味とし、情報科学がテーマのある個人サイトを「お気に入り」に。サイトには掲示板が設置され管理人や訪問者がやり取りをしていましたが、僕はただ眺めるだけの日々でした。

そんなある日、所属していた部活動においてある話題が流行します。「何もない世界は、何色をしているのだろう」。科学的な正答を求めるより、何もない世界について空想する面白さや怖さに惹かれたのでしょう。「ピンクだ」と先輩は主張します。「普通に考えたら白だろう」と同級生は言います。普通に考えたら光のない世界には色もないだろうと思いましたが、何もない世界への興味や不安は尽きません。ここは一度、掲示板で聞いてみよう。ふとそう思いました。

<通りすがりの地球人>「何もない世界って、何があるんでしょうね?」

問い自体が不成立だとする人、考えると面白くて眠れなくなると書く人、多様な投稿でこの話題が大いに盛り上がります。議論を喚起できた事実に興奮しましたが、盛り上がり自体が怖くもなり、僕は質問したきり続きを書き込まないままサイトから離れてしまいました。しかし、進学や就職で所属先を移っても、この疑問は頭の片隅にあり続けました。これが後の偽薬販売事業につながる、おっかなびっくり無に接した原体験です。

本書執筆の途上、この体験に関連して驚くことがありました。「何もない世界は、何色をしているのだろう」という話題が、実は「色即是空　空即是色」という有名な『般若心経』の一節から採られたものかもしれないと気付いたことです。もちろんこの言葉自体は以前から知っていましたが、当時の記憶と結びつけられたのは執筆の参考として読んだ書籍のおかげでした。

東洋哲学の主要な体系と言える仏教の教理が、やや変則的な形で中学生の素朴な疑問として心を捉え、深層意識に無への興味を植え付け、巡り巡って薬理学的な無たる偽薬の販売会社を立ち上げさせ、プラセボ効果と科学の関係性を明確化させ、東西の医学体系を統合する道筋を描き得た。そうした物語をでっちあげたくなるくらいには、この発見に驚きと感動がありました。

ただ同時に、一つの懸念を生じさせることとなりました。それは、著した内容がオリジナルではなく、既知のアイデアを再構成したに過ぎないのではないかという懸念です。『般若心経』の一節をそうと知らず深く意識に刻み込んだように、これまでの経験はオリジナルな発想の素ではなく、発想そのものだと思われたのです。

複素数で何かを表現する試みは、京都大学ゆかりの梅棹忠夫氏が著書で触れています。複素効理論の発案に際して直接的なアイデアの拠り所として意識してはいませんでしたが、どこかで見聞きする機会があったかもしれません。また科学を集合論的に扱い得るとすれば、集合論に基礎づけられた関係データベースという概念は科学的知見を表現するのに最適な方法だとする考えも、プログラミング経験が直ちに導く帰結でした。その他のアイデアも、どこかに典拠を求められるはずです。

もちろん、「オリジナルな発想などない。すべてはアイデアの組み合わせ方の違いに過ぎない」といった言葉に慰めを見出すこともできるでしょう。しかし、不遜にも僕自身は何かオリジナルなものを生み出したいと願い、生み出せることを期待します。

オリジナルなものは何か。そうして考えてみて、ふと気付きました。偽薬を一般向けに販売して生計を立てようとしているというこの立場こそが独自なものだ、と。偽薬屋さんという立場に基づく発想は、ある意味ではすべてオリジンを主張できるもののはず。本書はタイトルが示すように、偽薬を売ることから利益を得ようとする事業者のポジショントークです。願わくは、読者のためになるポジショントークであってほしいと期待します。

プラセボ効果とは何かを問い続ける僕は、しかしここで、また別の疑念に囚われざるを得ません。「読者のためになる」を客観的には評価できないのではないか、という疑念です。

時間や貨幣など複雑な世界に見出された1次元の体系は、社会の基礎となり個々人の意識に深く浸透しています。検索エンジン、あるいはゲーム大会やスポーツ大会など、複雑な事柄を順位という1次元の体系に落とし込むアルゴリズムは、やはり社会に対する強い影響力を持ちます。さらに科学は特別な原点を設定して時代や地理を超えた客観性を担保しつつ1次元の体系を構成するため、現代社会において特別な地位を得ています。しかし、科学は原点自体を評価できません。原点には何もないのではなく、何でもあるし、何色でもあり得るのです。

プラセボ効果は、科学という差異の体系において差異の原点とされる、客観的な対象の否定で定義される集合の要素から生じる効果でした。そうした要素は、何でもあり得る。とすれば、読者のためになってほしいという期待もまた、読者のためになっているのだという想念を生じさせるのではないか。

「人の為　ニセモノだから　できること」というプラセボ製薬のコーポレート・スローガンにも、同様の疑念を差し向けることができるでしょう。もし読者のため、人のためになっていることを1次元の大小関係により評価するアルゴリズムを開発できれば、疑念は解消します。客観性を担保する適切な原点を見つけられたら、時と場所を選ばず、新たな商売としてグローバルな展開さえ可能でしょう。

しかしそこには、読者や人という客観的な言葉で捉えられない、個別の主観的な何かを考えざるを得ません。客観性を重視する科学的手法が妥当でないとすれば、どうするか。高次元かつ多次元の非対称性を有した複雑な存在たる読者が、本書を対象とした複雑な読書体験に自らの身体を投じることで、何かしらの価値を生じる。そうした現象を原因として惹き起こされた結果を僕自身が知覚できれば、人のためになったことの証左と言えるかもしれません。

本書と読者の関係性から生まれる価値が複雑な社会的ネットワークを通じて特別な現象を生じさせた時、否定的に表現された僕の疑念は否定され、快感を生じるでしょう。それは、こんな場面だと想像します。

「水口さん、複素効理論ってご存じですか?」

著者紹介

水口直樹（みずぐち・なおき）

1986年、滋賀県生まれ。プラセボ製薬株式会社代表取締役。2010年京都大学薬学部卒業。2012年同大学院薬学研究科修了。製薬会社に研究開発職として入社。2014年に退社独立、現在に至る。

僕(ぼく)は偽薬(ぎやく)を売(う)ることにした

2019年7月25日　初版第1刷発行

著　者　水口 直樹
企　画　株式会社 ロハスメディア（代表・川口恭）
発行者　佐藤今朝夫
発行所　株式会社 国書刊行会
〒174-0056 東京都板橋区志村1-13-15
TEL 03(5970)7421　FAX 03(5970)7427
http://www.kokusho.co.jp
印　刷　㈱エーヴィスシステムズ
製　本　㈱ブックアート
イラスト　JAY

ISBN987-4-336-06375-5